写给女人的醒脑书

女性活出漂亮人生的七堂格局课

曾雅娴 著

中国纺织出版社有限公司

内 容 提 要

女人不一定都要成功，但必须成长。因为每一点成长都是蜕变，每一次机会都是对你乘风破浪的馈赠。勇敢承认自己的局限，才会有所改变和突破。

这是一本智慧女人写给女性的醒脑书，作者是年过四十活得漂亮的作家姐姐，她会告诉你很多别的书本中不会提及的事实。她用发人深省的观点、温婉的文字明确告诉女性朋友，如何用高智慧和高情商从眼界、才情、品格、情感、自律、品位、独立七个方面提升人生格局，让无论是十八韶华或是年近不惑的你，都能千锤百炼后先成为女王，后成为女孩，哪怕两鬓斑白，内心依然如少年归来。

图书在版编目（CIP）数据

写给女人的醒脑书：女性活出漂亮人生的七堂格局课 / 曾雅娴著．-- 北京：中国纺织出版社有限公司，2022.4（2022.6重印）

ISBN 978-7-5180-8827-0

Ⅰ.①写… Ⅱ.①曾… Ⅲ.①女性-人生哲学-通俗读物 Ⅳ.① B821-49

中国版本图书馆CIP数据核字（2021）第170710号

责任编辑：向连英　　责任校对：江思飞　　责任印制：何　建

中国纺织出版社有限公司出版发行
地址：北京市朝阳区百子湾东里A407号楼　邮政编码：100124
销售电话：010—67004422　传真：010—87155801
http://www.c-textilep.com
中国纺织出版社天猫旗舰店
官方微博 http://weibo.com/2119887771
天津千鹤文化传播有限公司印刷　各地新华书店经销
2022年4月第1版　2022年6月第2次印刷
开本：880×1230　1/32　印张：6.75
字数：115千字　定价：49.80元

凡购本书，如有缺页、倒页、脱页，由本社图书营销中心调换

Preface 序

打开格局，你可以乘风破浪

多数女人在情绪管理上是失控的。遇到情感问题，吵；遇到被人误会，争；遇到无人理解，哭；遇到能被自己拿捏的人，闹……作为女性，这些举动可以偶尔为之，但是作为一个成年女性，社会不会娇惯你，经常这样做是行不通的。

而且往往当事情过去，你会发现原来惊天动地的争执和斤斤计较，在未来不过成了小事一桩。

没有人遮得住星光云影，也没有人能从日历上抹去冬至、谷雨。无论你是二十青春、三十而已、还是四十不惑，在年岁馈赠的经验里，你除了应该懂得分寸，还要为自己保留不生遗憾的退路。

温室里长不出坚强，争吵里养不出优雅，计较里生不出慈悲。有人说过，一帆风顺的心电图是属于死人的，人生就该有朝起暮落的辗转，阴晴圆缺的转换。

世间种种变故伤痛，人人都要学会面对。女人不必是好汉，但也不应该是懦夫。当格局打开，你会更自信、更笃定，在自己的人生中乘风破浪。

　　凡是人生不能避免的酸甜苦辣，作为一个成熟的女人都要去坦然承受，悄悄落泪，再擦干眼泪给自己一个温暖的拥抱，给自己勇气和坚强。

　　我始终相信，没有一片风景会稀松平常到该被我们忽视。世间万物都以最美的姿态出现在我们面前，即便偶尔会有不完美，也是因为生活打算在下个路口给我们更多的惊喜，而你也会因此触摸到峰回路转的不平凡之美。

　　可是，女人往往在失恋、失业、失败时变得无限悲观。

　　她们会陷入一个可怕的负能量沼泽地。你对她说："你最棒，你可以爬出来，你行的。"她们会摇头说："不可能，我不信。"当你朝这类人伸出援助的手时，她们会拒绝，会振振有词地说："不用，我不需要怜悯。"

　　她们觉得是世界辜负了自己，觉得自己是世界上最多余的人。可很多时候，痛苦是被她们无意识放大了，她们往往过度在意输赢，喜欢跟别人比较容貌、职业，总觉得别人的老公更好。她们容易和自己生闷气，甚至整天疑神疑鬼。这些状况的出现都是因为她们的格局制约了世界的广阔！

　　当你不再执着于小利，懂得去欣赏比你优秀的人与事物时，才会有解决问题的信心，才能给自己自信和云淡风轻的心态。

Preface 序

越是在失望的时候越是需要理智。这是当人处于逆境中时需要学会的一种情绪管理。

电影《玛丽和马克思》里有段台词说："每个人的一生都像是一条长长的人行道。有的很整洁，然而像我的，沿途有裂缝、香蕉皮和烟头。"但是我们必须接受自己，接受自己的所有缺点。如果可以，你跌倒了，我愿意拉着你的手；你哭了，我甚至可以陪你哭。但哭过之后，你要想想未来：是全盘否定自己，还是去历练出一个视野更开阔、格局更广阔的自己。

念头一时起，信念一生撑。女性终其一生想过怎样的生活，取决于当下做的每一个决定，更取决于能否坚持规划一条适合自己的路。好的人生，最重要的就是要眼界宽、有格局，既能容人，也能容己。

有格局的女性，一生都会是花季。春有桃花灼灼，夏有芙蕖映影，秋有丝菊似锦，冬有梅骨傲寒。

这是一本诚意之作，我愿意和你们一起学习来温柔接纳自己，一起拥有更广阔的眼界、更海阔天空的明天。

曾雅娴

2021 年 10 月

Contents |目录|

LESSON 1　眼界，决定你未来的高度 /1

知识改变命运，是值得一生笃信的真理　　2
揣着一颗玻璃心，路会越走越窄　　7
学会捂上耳朵，把纷扰的声音关在心门之外　　12
勇于放弃错误的生活，勇敢追寻全新的自我　　19

LESSON 2　才情，让你成为灵魂有香气的女子 /25

活得漂亮，有趣的灵魂才能办到　　26
读万卷书和行万里路缺一不可　　34
能力，可以将一手烂牌打成好牌　　42
相由心生，给予内心多一些养分　　50

写给女人的醒脑书

LESSON 3 品格，决定你前路的长度 /59

不感谢苦难，但要跨过苦难　　　　　　　　60
学会体谅别人的欲言又止　　　　　　　　　67
耐心倾听，被人信赖值得骄傲　　　　　　　74
边界感，是衡量人品的尺度　　　　　　　　83
学会欣赏那些比自己优秀的人　　　　　　　89

LESSON 4 情感，女人一生的必修课 /99

爱情从来都是去选择，而不是被选择　　　100
比起两个人的孤独，一个人更舒服　　　　108
感恩有你，陪伴是最长情的告白　　　　　123
以柔克刚，在温柔中慢慢变强　　　　　　128

LESSON 5 自律，通往自由的必经之路 /133

极致的自律，要有点较劲的精神　　　　　134
动起来，遇见更好的自己　　　　　　　　136
仪态修炼，成就持久的美好　　　　　　　139
不断突破自我，是最高级的自律　　　　　143

Contents
目录

LESSON 6　品位，让你优雅地走向成熟 /149

　　找到独属于你的个人特质　　　　　　　　150
　　巧妙穿搭，你也可以很有范　　　　　　　155
　　活出自我，成为自己最性感的模样　　　　161
　　断舍离，值得留下的就是百搭单品　　　　167

LESSON 7　独立，乘风破浪做自己的女王 /173

　　独立和成长，就是要迎难而上　　　　　　174
　　穿越低谷，厚积薄发　　　　　　　　　　181
　　生活的"美"与"好"，都是汗与泪的交织　186
　　全职太太也可以做事业　　　　　　　　　190
　　加油，人生是用来改变的　　　　　　　　197

尾　声　即使八十岁，也应该是自己的女孩 /203

LESSON 1
眼界，决定你未来的高度

写给女人的醒脑书

知识改变命运，是值得一生笃信的真理

在该读书的年龄好好读书，毕竟好的大学是一块敲门砖，让你有机会被更多的伯乐赏识。

雅娴私房说

我们多数人都不是出身豪门，要想以后过得好，首选路径一定是好好读书。"风物长宜放眼量"，并不是说今天

LESSON 1
眼界，决定你未来的高度

努力学习了，马上就有回报，而是当你一直在充实自己，通过多年的积累，潜移默化提高自己的素质、能力，才会在将来有更多的机会。

1. 在该读书的年龄一定要拼尽全力

我记得在一期《演说家》节目中，主持人鲁豫直白地问网红考研培训老师张雪峰："你真的相信考研可以改变人的命运，还是在做这行之后才开始宣传考研的？"

张雪峰回答："中国的500强企业，甚至是所有世界500强企业，他们都告诉你学历不重要。但是，他们不会去一般的大学招聘。他们说的都是假话。"

虽然这话很残酷，但这就是现实。很多大公司在招聘新员工的时候，会把985、211院校毕业的学生作为首选，把其他非985、211院校毕业的学生作为"第二梯队"。

你也许会说，学历不是能力的唯一证明，毕业于名牌大学并不一定代表能力强。但我想说的是，在该读书的年龄一定要拼尽全力，这样在面对各种人生选择的时候，你才能拥有更多的选择自由。

作为一个非985院校毕业的女生，随着年龄渐长，我越发觉得读书很重要、知识很重要。考上985、211院校或许不能证明你的工作能力，但它至少证明了你曾经很努力，证明了你在该读书的时候真的尽力做好了这件事情。

而且，好学校的学生接触的圈子会更好一些，机会也更多。尤其是和我一样出生在三四线城市的人，如果能考上985、211院校，命运的轨迹会截然不同。

2. 知识改变命运是值得笃信的真理

兮然是一位通过读书真切地改变了自身命运的姑娘。我看着她把一手普普通通的牌打成了最好的"同花顺"。兮然出生在我们江西省一个县城的小镇上，妈妈是家庭妇女，爸爸是一个食品公司的普通员工，挣着一份供全家勉强度日的薪水，兮然还有个妹妹，家庭条件可以说是中等偏下。

兮然深知唯一能改变自己处境的办法就是努力读书，所以她勤学苦读，以全镇第二名的成绩考上了县城的重点高中。

高中的兮然依然埋头学习，成绩一直名列前茅。但是天有不测风云，在高考前三个月，兮然的爸爸居然与一个售货员发生外遇，被妈妈发现，原本和睦的家庭从此三天一小吵五天一大闹，这严重影响了兮然的心情和学习。为了保证自己在最后冲刺的日子里可以保持内心的安静，兮然毅然决然地住校了，把家里的那些不和谐之音都隔绝在外，一门心思地读书。

那年八月，她的爸爸和妈妈还是离婚了，爸爸离开了家。兮然最终考上了江西省唯一一所211大学。在收到大学录取通知书的时候，兮然就知道自己的大学生活会很拮据。大学四年，兮然紧紧抓住学习的机会，每天坚持早上六点起床，晚上看书到十一点；同时靠奖学金和节假日兼职赚取生活费。在本科毕业的那年，她以专业第一名的成绩考上了上海某名牌大学

LESSON 1
眼界，决定你未来的高度

王牌专业的硕博连读。攻读硕士期间，她认识了家境良好、性格温和的丈夫。博士毕业后，她和丈夫都顺利进入大学任教，不久因为科研成绩出色被选派到美国做交换学者……现在的兮然已经是大都市里精致而恬淡的知识女性，她也成为故乡小镇的传奇。

我们多数人都不是出身豪门，要想拥有美好人生，首选的路径一定是好好读书。虽然现在的世界有些浮躁，可越是在这种境况下，越是要沉下心来坚持自己读书的梦想。

风物长宜放眼量。并不是说今天努力学习，马上就有回报，而是只要你一直在充实自己，潜移默化提高自己的素质、能力，才能在将来有更高的起点，拥有更多实现自我价值的机会。

3. 看1本书和看1000本书是有区别的

作为一名文字工作者，偶尔会有人问我：曾姐姐，你觉得是读书改变了你的命运吗？回答这个问题我需要回顾下童年。

我是一个没有读过重点大学的人，十八岁之前生活在一个小县城，父母是普通的公司小职员，但为了满足我读书的愿望，他们为我在图书馆、书店办了读书卡、借书卡，这让我从十几岁开始文字表达能力就很好，也一直得到老师的肯定。他们鼓励我参加一些作文比赛和投稿，也取得了较好的成绩，这让我有信心在写作这条路上一路前行。

我是因为喜欢看书，而爱上写书。凭借写自己心爱的文字，我过上了自己向往的生活，可以随时来一场说走就走的旅行。从这个意义上说，读书确实改变了我的命运。

因此我认为，在该读书的年龄一定要好好读书，毕竟好的大学是一块敲门砖，让你有机会被更多的伯乐赏识。

而终身不断地学习和积累，还将为你带来源源不绝的效益和回馈。

巴菲特的合伙人查理·芒格曾经说过："我这辈子遇到的来自各行各业的聪明人，没有一个不是每天阅读的——没有，一个都没有。而巴菲特读书之多，可能会让你感到吃惊，他是一本长了两条腿的书。"

看 1 本书和看 1000 本书是有区别的。

主持人蔡康永是娱乐圈里真正的读书人，他一边做高量产的综艺节目，一边出版《说话之道》《情商课》等畅销书。

曾经有人问他："你一年读几本书？"

他回答："一年？太久了吧。读书对我来说就是日常。"

写书、拍电影、录综艺，蔡康永好像有用不完的精力，像个宝库似的，一直有东西输出。他会慢条斯理地跟你讲道理，往往一句话就能戳中你心里最柔软的地方。而这神奇的能力，正是读书赋予他的理解力和共情能力。

一个人有了知识的输入，便会自然而然地进行知识输出。日积月累，变成了我们现在看到的"知识井喷"现象。

坚持读书，会让你眼界开阔、增长见识，更重要的是，可以改变我们的思维方式。

LESSON 1
眼界，决定你未来的高度

所以在这个人人都有机会的年代，读好的大学可以改变命运，多读书、读好书也是如此。

揣着一颗玻璃心，路会越走越窄

没有一个行业是钱多、事少、离家近，位高、权重、责任轻，睡觉睡到自然醒，数钱数到手抽筋的。普通人的成长必然要承受一些委屈，因此格外需要有守得云开见月明的耐心。

·❦· 雅婳私房说 ·❦·

即使是郎朗，也不是生来就把钢琴弹得那么动听；即使是郭晶晶也不可能一开始就是跳水冠军。平凡如你我，在刚参加工作的阶段怎么可能没有失误、不犯错误呢？既然会犯错自然就要接受批评，在积累工作经验的过程中，咽下委屈也是工作的一部分，这都包含在你的薪水里。

1. 没有谁的成长不需要承受委屈

冯仑说：伟大都是熬出来的。这个熬字真是形象！即使你的目标不是伟大，只是想要活得更好，那也得先熬上一段时间才行。

因为没有一个行业是钱多事少离家近，位高权重责任轻，睡觉睡到自然醒，数钱数到手抽筋的。普通人的成长必然要承受一些委屈，因此格外需要守得云开见月明的耐心。直到有一天你从普通员工熬成了精英、高管等某种意义上的成功人士，你定会庆幸自己在那段艰难前行甚至被人看低的日子里没有放弃。

2. 咽下的委屈，能喂大你的格局

琳达是一个大学毕业不到三年的姑娘，在校期间是学生会主席、广播台的播音员，应该说能力很出众。琳达毕业后顺利

LESSON 1
眼界，决定你未来的高度

进入一家媒体工作，因待人接物大方、文字功夫过硬而得到同事们的认可。

但随着市场发生变化，公司由文字内容运营向短视频和短网剧转型，这就意味着她要学习新的工作技能。某天公司临时组团做一个视频项目，项目经理对她说："我要去忙对接，这些镜头后期你能搞定吗？"

琳达看着资料认真点头回答："快去吧，我仔细研究一下应该没问题。"于是她通宵加班，边学边做。

最后琳达交出来的短视频剪辑很专业，只有一个镜头因为不确定要用哪个广告语，用 Photoshop 先做出来暂时代替。项目经理肯定了琳达的工作，还夸赞了琳达的学习能力。

但这样出众的琳达，也有被经理劈头盖脸批评的时候。一次，琳达正在一个博物馆拍采访视频，忽然接到经理的电话。原来是某高校晚上临时有一个论坛直播，需要琳达送一份活动方案到某高校并与项目经理汇合。琳达先花一个多小时从博物馆回到公司拿方案，然后在去郊区的高校时遇到下班高峰，而直播时间马上就要到了。眼看无法准时赶到，琳达只好赶紧打电话和经理说会晚点到。

经理自然是劈头盖脸一顿批评："脑子不能灵活点？赶时间不知道打车吗？还坐公交？你事先不知道在单位用电脑存下文件发我一份电子版应急吗？"

琳达眼泪汪汪解释道："我今天不在办公室，一直在拍博物馆的那个视频。"

经理打断道:"不要找那么多理由,我只要效率,只要结果,不行就趁早走人。"

晚上琳达越想越气,觉得经理太不近人情,因为一次失误就否定她从前的努力。她洋洋洒洒写了近千字的辞职报告。写完后,她冷静地想了想:领导会收下我这份辞职报告吗?

答案是"会"。因为我的能力还没到公司非我不可的地步。

我去其他公司还是会犯错,会不会被领导批评?

答案是"会"。想到这儿,琳达默默地把自己的辞职报告保存起来,第二天如常去上班,并主动找到经理道歉。大意是我会反思工作态度和方法,提高自己的工作能力。

经理没提昨天的事,给她倒了一杯咖啡说:"我从没怀疑你的能力,加油!"琳达长长出了一口气,庆幸自己没有冲动辞职。琳达放下了委屈,从此和那些做不到位的工作死磕,此后总能非常漂亮地完成工作。

综合来看,琳达的格局是非常不错的,能把委屈转化成自己所需的营养。如果你在职场也能咽得下委屈和批评,它们绝对能喂大你的格局。

但年轻人不能忍耐而吃亏的例子太多。鲍鹏山教授在《百家讲坛》说过一句话:"爷爷都是孙子熬成的。"这句话虽然戏谑,但对于人生和职场而言都有一定的道理。

很多年轻人不断地跳槽,从一份工作换到另一份工作,这是不愿意忍受现实压力和挑战的表现。她们觉得自己什么都做

LESSON 1
眼界，决定你未来的高度

不好，又害怕被领导骂，于是就想逃避。

其实挨骂是每个人步入职场后都会经历的事情，再优秀的人在工作中都难免会出现差错，被老板批评并不是什么大事。甚至可以说也算工作的一部分，包含在你领的薪水里。

聪明的姑娘懂得在被骂的时候从多个角度进行思考。思考领导批评的初衷，反思自己工作的失误，虚心接受批评，这就是智商高、有格局的体现。

何况世上哪有不受一丁点委屈的人生呢？如果每受委屈都躲避，则人生将无处可逃。

你受得了多大委屈就会有多大成就，何况那些"委屈"多数时候只是因为自己真的做得不够好，但又玻璃心。所以无论在什么环境里工作，最忌讳的都是怨天尤人，却不从自身找原因。

明智之举是——主动地从自己身上找原因，正确地认识自己，接受自己不能改变的，改变自己能够改变的。这样你的人生之路才会越走越宽，越走越锦绣。

学会捂上耳朵，把纷扰的声音关在心门之外

成熟的麦穗才懂得低头，成熟的人才懂得低调，而懂得慈悲的人才会适时捂上耳朵。每个人都有属于自己的隐私，关系再好也不要去打听，即便知道了也不要妄加评论或到处传播。

LESSON 1
眼界，决定你未来的高度

雅娴私房说

女性在一天中往往要完成多个角色的转换。就像《三十而已》里顾佳那样，既是全能妈妈，又是贤内助和茶厂老板。一天 24 小时与不同的人周旋，心情难免会随着外界的起伏而变化，一不小心就可能陷入一些莫名的纷扰中去。

面对这种情况我们需要给生活加上滤镜，学会有选择地捂上耳朵，把纷扰的声音关在心门之外。

1. 时间会帮你留下真正的朋友

每个人都需要朋友。尤其是到了三十岁的女性，闺蜜朋友可能是你分享美好、缓解压力的最佳对象。有的朋友会比爱人更长久地陪伴你一生。

我就常和闺蜜念叨，以后老了要共同买一处房子，分别住楼上楼下，有什么好吃的、想聊的，喊一句人就到了。

每到冬天，我都会在南方盼一场盛大的雪：最好是某个傍晚，漫天的雪花中，屋檐下挂着长长的冰凌，屋内生起小火炉，炉火正旺，温着煮好的茶。我会到阳台上喊一句"亲爱的，快来喝茶。"不到三分钟，熟悉的脚步声、开门声就会传来。我们端起茶盏谈天说地，聊到尽兴时，时而大笑，时而以茶代酒，对饮三巡。

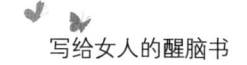

我们会相互依偎坐着，抬头看园子里的梅开得正好，真正是"寒夜客来茶当酒，竹炉汤沸火初红"。不仅是一点不觉冷，简直是喜上眉梢的快活了。

亦舒小说改编的电视剧《流金岁月》里，蒋南孙和朱锁锁贯穿半生的友情就是这样。年少时相识，年轻时相知，中年后相互扶持。两个人看似有着不同的人生轨迹，却又在不同轨迹中彼此认同，相互支持。

那是一种我心之向往的闺蜜关系，即无论生活怎样沉浮，都会有一些朋友毫无保留地彼此支持，在幸福的时候彼此分享快乐。

看过综艺生活秀《我们是真正的朋友》的观众，一定会羡慕大S、小S、阿雅和范晓萱超过二十年的友情。节目以四姐妹前往缅甸旅行和完成心愿清单为主线。坦白地说，在目前旅行类综艺节目泛滥成灾的情况下，这个设定不新鲜，使节目点石成金的是四姐妹几十年的感情。

现实生活中，像四姐妹这样跨越二十年、吵架又和好、会夸你也能损你的友情并不多。不是人情淡漠，只是时间无情。就像有人说的，花朵和果实的朋友不可能都是蜜蜂。更多的朋友虽不能说是昙花一现，但却都有着一定的阶段性和周期性。

很多朋友都是渐行渐远。不必遗憾，也不必自责，时间自然会帮你留下那些真正的朋友。

清子是一个非常内向的女孩，在上海工作五年，几百个同

LESSON 1
眼界，决定你未来的高度

事里称得上朋友的一个巴掌可以数得清。所以只要是朋友，她都特别珍惜。小玮就是其中之一。

小玮长得漂亮，却很爱八卦别人。但清子还是很喜欢跟她来往，会跟她说一些心事。有一次，清子租的公寓楼上的邻居大叔半夜喝醉酒，唱歌敲地板。清子不胜其扰，就敲了醉酒大叔家的门，打了物业的投诉电话。微信聊天时，清子把这件事告诉了小玮。

谁知这件事情被小玮传了出去。结果一传十、十传百，清子竟然被传成了看上的男人不爱她，她半夜去敲男人的门，被投诉到物业的水性杨花的女人。

这严重影响了清子的形象。清子欲哭无泪，那段时间甚至想换个工作来证明自己的清白。可是转念一想，如果自己走了，不正好说明是心里有鬼待不下去了吗？

清子也曾要小玮给她一个解释，小玮满不在乎地回复：是你微信语音普通话不标准，是你自己的问题。

清子只好在一个适当的时机把自己和小玮的聊天记录放在了工作群里，以证清白。

太宰治在《人间失格》里曾说过：我的不幸在于我没有拒绝的能力。我的建议是，朋友是可以选择的，应该学会去伪留真。真正的朋友私下可以互相怼，但背后一定会默默支持你。当你发现对方人品有问题的时候，一定要及时止损。与其让这样的人严重影响到自身形象，倒不如挥一挥衣袖划清界限，说句"江湖不见"。

2. 尊重他人隐私是成年人最高级的修养

　　成熟的麦穗才懂得低头，成熟的人才懂得低调，而懂得慈悲的人才会适时捂上耳朵。每个人都有属于自己的隐私，关系再好也不要去打听，即便知道了有时候也要选择糊涂，不要妄加评论或到处传播。

　　懂得尊重他人隐私是善良的体现，也是一个成熟女人最高级的修养。

　　某进修学校的行政小姐姐艳明离婚了，心情低落。一天她和同办公室的小小聊天，提起自己孩子还小，如果不是老公家暴不改，她根本不会离婚。

　　后来小小又顺口和自己关系比较好的另一个同事说了句，艳明姐被家暴离婚了，真可怜。过了几天，整个学校的老师都知道艳明因家暴离婚了。艳明只把心事和小小说了，自然认定小小就是那个大嘴巴的人，为此艳明很长一段时间都不开心，见到小小都绕着走。

　　很多时候别人自己都还没来得及消化的事，你随口的一句话，可能就是在别人的伤口上撒盐。

　　电视剧《小欢喜》中，宋倩和童文洁本来是为了处理孩子早恋的事约在一起吃饭，谁知道聊着聊着，宋倩把矛头指向了童文洁的老公方圆。

　　她说："你看方圆整天和乔卫东混在一起，能不受影响吗？他现在工作也没了，整天在家里游手好闲，那方圆不就是

LESSON 1
眼界，决定你未来的高度

未来的乔卫东吗？"

听到这儿，童文洁已经有点不开心了，就说了一句："方圆不可能成为乔卫东的。"没想到宋倩不依不饶地说："方圆还不如乔卫东呢！乔卫东还能自己赚钱，你说方圆会什么呀，整天待在家里靠着你，凡凡能跟他学什么好？"

听到这里，童文洁忍无可忍撂下一句："行了，我老公我自己都不操心，你操那么多心干吗呀？"然后就气冲冲地离开了。

宋倩完全没有意识到，她扎了童文洁的心，她以为她们是好闺蜜，就什么话都可以肆无忌惮地说。

可生活中，很多关系的破裂，都是因为打着朋友的旗号，对别人的事指手画脚所致。有时候你的说长论短，对别人来说就是伤害，多说一句话，就多一层伤害；而最明智的做法是假装不知道、没听见、没看见，少说或不说，反而是一种尊重。

正如海明威所说："人只花两年时间学会说话，却要用一辈子学会闭嘴。"

年少的时候我们总喜欢高谈阔论，以为自己无所不知。但随着年岁的增长，会发现分寸感很重要。水深不语，人稳不言。一个智慧的女人是懂进退知分寸的，所以她们能渐渐活成俗世中的一股清流。

3. 信息获取不在数量多少，而在于质量高低

高晓松在《奇葩说》里讲过一个现象，他说中国人时刻要

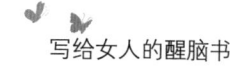

看手机，是因为压力太大，没有安全感。

的确，在各种自媒体短视频当道的今天，我们似乎只要拿起手机就什么都能知道，所有的信息都能被我们掌握，但同时，由于信息过量，大多数人都已经不会选择，被淹没在纷繁复杂的信息海里。

那些碎片化的信息，真的不值得为之付出过多的时间，何况有的信息还传递错误的价值观，会对我们的思想产生不良影响。因此，我们要有独立的思考能力能够辨别各种信息的真假和好坏，不要被错误信息带偏。

我们不只要过滤掉对自己无用的信息，也要有针对性地获取一些对自己有价值的信息。把关注点放在对自己有用的事情上，关注同一类型的信息，这样才能减少过度的大脑损耗。比如，你想学习手机摄影，就多关注一些手机摄影的公众号、小视频、小课程。有明确的目的性可以节省时间，事半功倍。

知乎上有人说：我们无法把控信息的量，但是我们可以把控它的质。深以为然。

有价值的信息不在于数量的多少，而在于质量的高低。

我们不只在网络中要学会过滤各种信息，在平时的生活中，同样也需要有过滤信息的能力，无论是道听途说的，还是别人灌输的，我们都要学会辨别，理性而果断地把那些无用的、有害的、虚假的、过时的信息过滤掉，只保留对自己有价值的东西。这样我们的生活才能少一点烦扰，多一分清净，才

LESSON 1
眼界，决定你未来的高度

能优化生活质量，提高幸福指数。

我们的手机要定时清理内存，我们的大脑也一样需要定时清理，偶尔放空，适时调整。这样我们才能轻装前行，走更远的路。

勇于放弃错误的生活，勇敢追寻全新的自我

觉醒，从来不迟。今时今日，女性早已不用禁锢在世俗的条条框框里，被动地接受社会的偏见与挑剔，被各种身份和标签定义和挟持。

雅娟私房说

网上有一句话，我觉得说得很对："大家都是成年人了，成年人的世界就应该干脆明了，简单又充满尊重。"

但是很多话说起来容易，做起来却总是要经历一百个不甘心和一千次排山倒海的挣扎。

毕竟多数女人在交友和婚姻里都喜欢稳定，这无关她的事业成功与否，而在于骨子里的一种价值观，就是活成大家眼中好女人该有的样子。到了一定年龄就要结婚，家庭和和美美……仿佛这些才是正确的价值观。

1. 以为结婚会幸福，结果离婚才是幸福的开始

2018年5月在江苏卫视《青春选择之夜》晚会上，一首《红色高跟鞋》把刘敏涛送上了各大热搜榜。

原本是一次平常的演唱，但刘敏涛却用其独特的"三分凉薄三分讥笑和四分漫不经心"的表演式演唱，圈粉无数。

现在的刘敏涛是"中年叛逆""越活越飒"的实力派女演员，但曾经的刘敏涛，却是个没有自我、按照父母希望的在适当年龄就嫁人的乖乖女。中戏毕业后，她先后演了《人鬼情缘》《冬至》《福贵》和《前门楼子九丈九》，每一部都是大女主，演艺事业稳步上升。她在所谓该结婚的年龄认识了自己的另一半，对方条件不错，是房地产商，两人情投意合就结婚

LESSON 1
眼界，决定你未来的高度

了。婚后，按照中国传统女性的做法，她顺理成章地退出演艺圈，过起了全职太太相夫教子的生活。后来，她用一句话形容这段婚姻，说自己是"一个面容模糊的贤内助"。

"长久以来，我身体里自我的东西太少了，我很难去思考我高不高兴、喜不喜欢。"她说丈夫忙工作，两人聚少离多。在这段婚姻里，她苦苦支撑，甚至不断为丈夫的不回家找理由，认为是自己不够温柔、不够体谅。

直到丈夫的婚外情浮出水面，她才如梦初醒。她最后一点对婚姻的幻想，就此灰飞烟灭。

她说："精神交流和情感沟通的缺失，逐渐让我怀疑这桩婚姻存在的实际意义。"

2013年的一个夏夜，刘敏涛独自躺在床上，心里想着好久没有见到先生了。恍惚间，好像有另一个自我在俯视着那个彻夜未眠、眼睛瞪着天花板的自己。她让刘敏涛第一次看清了自己的孤寂和不值得。天亮的时候，她终于决定：结束这段婚姻，开始一段新生。于是，她主动走出维系了七年的婚姻。

后来她在多次采访里提道：有一次，前夫带她去日本旅游。在湿滑的小路旁有一家冰激凌店，她特别想吃抹茶味的，但前夫觉得这个东西不好吃，她也不好说什么就失望地离开了。而离婚后，她又重新去了那个地方，买了自己想吃的冰激凌。旧地重游是一种释放，她终于不需要看别人的脸色，可以做自己想做的事情了。

刘敏涛是幸运的，因为她在七年婚姻后发现，自己不需要这样一桩不快乐的婚姻。她在离婚后获得了自己想要的自由和快乐。

2. 勇敢承认自己看错人，受伤会少一点

在一段婚姻中，当男人不再付出感情，女人一定要做出离婚的决定。因为真的错了的时候，只有学会华丽地转身，才可以痛快多一点、受伤少一点。

没有太晚，一切结束都是刚刚好。成了家庭主妇后，口袋里一个月只有一点伙食费的日子，蔡蔡也有过。

结婚之前男人当然都是信誓旦旦——结婚后你就不用工作了，我负责养家，你负责貌美如花。

而承诺这种东西说的时候不用上税，不兑现的时候又不用判刑，真是靠不住。蔡蔡是怀孕的时候结的婚，没有办婚礼，原本想等孩子满周岁时一起办，结果很快又怀了二胎，问老公什么时候办婚礼，老公和婆婆都是一个口径：何必花那个冤枉钱，孩子都两个了，省着吧。

其实蔡蔡知道老公公司生意不错，支撑一个家没问题。一个女人结婚没有婚礼心里多少是失落的，而老公一家人的态度让人感觉未婚先孕的自己能嫁进门已是天大的恩赐。

刚开始，老公对蔡蔡确实不错。想到什么好吃的、好用的都会买回家，也能按月给生活费。然而好景不长，还不到三年，他就移情别恋了。

有一次，蔡蔡看中一件连衣裙，老公却说，你整天在家带

LESSON 1
眼界，决定你未来的高度

孩子，穿白色连衣裙给谁看？蔡蔡失落得想掉眼泪。

孩子一个人坐在客厅里玩，不小心摔到地板上，哇哇大哭。老公气急败坏地吼道："你怎么搞的，天天在家连个孩子都照顾不好？"当时蔡蔡真的很心酸，这就是当初给自己承诺的男人，虽然他嘴里没有说嫌弃，但是眼里都是厌倦和不尊重，难道这样的日子要一直将就到老吗？

某一次，蔡蔡无意登录老公的手机银行账户，看见一长串的账单。他买过项链、香水、名牌包，还有避孕套，而这些东西都不是买给她的。瞬间，她知道自己该做什么了。

她果断地选择了离婚。用蔡蔡的话说，前夫大概没有想到一个女人下定决心会这么果断和不留余地。当然他也不会知道，这一次的果断让一个女人难过了多少个日日夜夜。

最艰难的时候过去了，蔡蔡才三十岁而已，一切都来得及。她以前学过韩语，之后又进修了一阵，如今在教育机构当韩语老师。恋爱方面她一点都不急，因为她现在最想拥有的是一家属于自己的教育机构。

3. 以结束的勇气，换格局的提升

觉醒，从来不迟，无论是刘敏涛的四十岁，还是蔡蔡的三十岁。

今时今日，女性早已不用禁锢在世俗的条条框框里，被动地接受社会的偏见与挑剔，被各种身份和标签定义和要挟。

越来越多的女性认识到了打破这种世俗偏见的意义。作为

独立个体，想要拥有强大力量只需要一份结束的勇气。

　　这些女性清楚地认识到，婚姻并不是女性获得幸福的唯一途径。当女人勇于放弃自己不想要的生活，去追寻全新的自我时，这种追寻本身就是一种格局的提升，会让女人绽放出属于自己的魅力，去拥抱更广阔的人生。

LESSON 2

才情，让你成为灵魂有香气的女子

活得漂亮，有趣的灵魂才能办到

芭芭拉·奥克利在《跨越式成长》里说："每一个人都可以脱胎换骨，都可以成长为一个自己过去想象不到的人，最重要的是思维的转换。"

深以为然。因为才情并非只有某些人可以拥有，而是所有人都能获得。无论二十岁、三十岁还是四十岁，只要还有学习的能力，共情的能力，那么就可以实现才情的增加，美丽的增值。

LESSON 2
才情,让你成为灵魂有香气的女子

雅娴私房说

> 相信很多女孩和我一样,长相普通,但从十几岁开始,便在"变美"的路上一直跋涉。
>
> 经过后天的历练、修为和努力,有的女孩可以三十岁比十八岁的时候更美丽,四十岁比三十岁的时候更有风情。

如果你曾经以为,变美靠的只是化妆与穿戴,那么我必须纠正你的看法:一个女人要想拥有长久的魅力,一定得靠才情来给五官增色、气质添香。

我们接触的女性越多,越会发现有的女人只是好看,但不耐看;有的女人初看平淡,却令人回味无穷。这是因为她的美来源于灵魂,而非外表。当你遇到一个有趣的灵魂,定会被深深吸引,就算同为女人,也会为之着迷。

人们通常认为,"才情"和"才华"是一回事。但我以为"才情"包含"才华","才华"仅是"才情"众多因素中一个构成部分。私以为才情是"有才华有共情"。有才华的共情不是普通的共情,它是令人愿意欣赏认同的高水平的共情力,是一个女人综合素养的最高体现。

张爱玲说:才华是女人最大的底气。以出众的才智把一种兴趣爱好发挥到极致,最终由量变到质变,这不仅是一种技能，更反映了一个人内在的专注力和战胜逆境的意志力，这么优秀的品格必然是才情的产物，它会让一个女人持久散发动人的光芒。

贾玲是我最喜欢的女明星之一。因为女明星能如她那样让人舒服、敢于自黑的很少，并且她能让自己的缺点成为特点，突破大众审美标准，自成一种美。

贾玲的小品有口皆碑，但除了在小品上的才华，贾玲本人也特别暖心。

有一次，周深在节目中谈到：从小到大没什么人说过喜欢他，所以他讲话很小心，生怕别人不高兴。来到这个节目后，他很喜欢大家，但也怕太喜欢大家了。

贾玲说：“周深，不管你多喜欢我，我都不会让你失望的，千万别怕太喜欢我。”

后来贾玲给大家送礼物，给周深的那份上写着"喜欢我这件事情，请你再放肆一点"，让人备感贴心、温暖。

作为《王牌对王牌》节目的常驻嘉宾，贾玲不仅承包了观众的笑点，更凭借高情商一次次化解了嘉宾们的尴尬。

大家都知道，姚晨是一位大嘴美女。而在节目现场，她却被质疑嘴巴小了是整容的缘故，姚晨只能解释说没整容。当时的场面有点尴尬，贾玲见状赶紧把大家的注意力引到自己这边："姚晨是不是在故意控制说话方式，好让嘴巴看起来不那么大。就跟我似的，知道自己胖所以一直侧着站。"

大家瞬间被逗乐，场面再度活跃起来。这份懂得为朋友解

LESSON 2
才情，让你成为灵魂有香气的女子

围的善良和随机应变的能力，就是贾玲最高贵的品质。

有一年金鹰节新闻发布会上，轮到她上场时，不知气氛为何一度冷场。贾玲非但不在意，反倒乐呵呵地追问记者："都没有问题啊？我已经不火成这样了？就没点儿绯闻要问了吗？"

通过友善的表情和直击灵魂的"三连问"，她巧妙地缓和了现场的气氛。想起沈腾对贾玲的评价："男人喜欢她，女人不嫉妒她。"单单这个评价就足以证明贾玲的高情商与好人缘。而将能做到这一点简单归结为她够幽默，显然是不准确的。这正是一个女人才情的体现——不仅有才华，还有懂得替他人考虑的共情力。这些才是贾玲受大家喜爱的根本原因。

1. 才情是永远的霓裳

董卿曾经说："她是我见过的女人当中最优雅的。"这里的"她"就是陈数。能成为董卿眼中的优雅女神，陈数显然是才情过人、美丽过人的。

陈数曾说过一段话："一个人就像一支队伍，对着自己的头脑和心灵招兵买马，不气馁，有召唤，爱自由。"

这份清醒和到位的描画，让很多专业写作者叹服。的确，一个有智慧的人一定犹如一支队伍，能不断充实自己，带领自己走向更好的明天。

陈数有多优秀呢？三十岁之前，她在北京舞蹈学院系统学习了芭蕾舞、古典舞、民间舞，并考入了国内顶尖的歌舞团——东方歌舞团担任舞蹈演员，一待就是七年。在歌舞团的这些年里，为了把舞跳得更专业，陈数坚持每天刻苦训练，功夫不负有心人，最终她考上了中央戏剧学院表演系。

舞蹈与表演是完全不同的领域，表演经验有限的陈数面对转行的压力，经常因数小时出不了作品而号啕大哭，只能在学校下笨功夫苦练台词功底。

等到毕业，陈数已经三十岁了，这对女演员来说已经属于没有优势的年龄。但陈数凭着自己对角色的深刻理解，做到了"任何年纪都可以是女演员的黄金年龄"。在佟丽娅和黄轩主演的电视剧《完美关系》中，饰演斯黛拉的陈数"圈粉"无数。

如今，陈数已经年过四十，到了女人最恐惧的中年。不少中年女演员总是在各大场合谈论自己的中年危机，但是陈数从来不觉得自己有中年恐慌，时间反而为她沉淀出了温润如玉的大气和优雅。

她在《新上海滩》中饰演的方艳芸虽不是主角，但是风姿绰约的形象惊艳了广大观众，也包括圈内的制片人和导演。让她名声大噪的《倾城之恋》播出之后，有些苛刻的张爱玲书迷曾经点评说："当陈数第一次在镜头里出现时，那淡淡的婉约和风情就立即抓住了人的眼球，她简直就是白流苏本人。"

更有人曾说："陈数之后，便再无白流苏。"

这是因为一旦投入角色，她会提前很久做功课，力争把每一个角色演绎得让人过目不忘。这就是专业能力的过硬。出道

LESSON 2
才情，让你成为灵魂有香气的女子

至今的陈数已是华鼎奖、白玉兰奖得主。

爱自己必先取悦自己，让岁月留痕亦留情。

工作采访里的陈数卷发红唇，身穿剪裁合体的裙装，眼角眉梢之间散发的是成熟女性大气、温婉的气质，实在让人着迷。她会坦言自己不够美，但是很爱美，知道自己适合什么，把提升自己视为一生的必修课。

尽管已多年不跳舞，但她仍保持随时拉伸的习惯。她喜欢做瑜伽，因为瑜伽不仅塑形，而且能让人身心平静。

陈数已经坚持练习瑜伽二十多年了。她说："每天我都会练习三十分钟左右。有人说这是陈数的自律，而我想说，这是我的生活方式。"

当一件事情变成了生活的习惯，那么就算是微不足道的小事也会在时间的涓涓细流中，汇成岁月的礼物，回馈到你身上。

披星戴月，乘风破浪。无论处于什么年纪，都需要有风骨、有才情，才能成为那个拈花一笑看风云的姑娘。

陈数也好，贾玲也罢，她们都不是完美无缺的女人，但她们都活出了自己特有的光芒。

2. 坚持学习一种技能，让它成为你持久的优势

美国作家菲茨杰拉德说："真正的一技之长，会让生活成功得多。"

深以为然。以我个人为例，我从十五岁开始写文章给杂志

投稿，坚持到二十七岁的时候便以写作为生了。之后我的杂志编辑转行做出版，便邀请我把曾在杂志上发表过的随笔以一个主题集结成册。

当时我是很激动的，因为我曾经在日记里写过，希望给杂志写稿满五年时能出自己的第一本书。然而写了不到两年这个愿望就实现了。

后来就一路坚持到现在。很多当初一起给杂志写稿的朋友在杂志市场不景气之后停笔了，而我在写专栏这条路上坚持深耕了十余年，每年都按自己的进度和出版社签约出书。

曾经有一些小伙伴对我说："在微信上组一个写作群，带领我们一块打卡坚持吧！"说的人多了我便真的拉了一个小群，规定每天要坚持写一篇千字文，一周未交作业的自动退群。两年前主动进群的伙伴有八十多个，而现在每天持续写的人一只手就可以数清。

当年开始写时，大家都充满信心说要每天坚持，而行到半途，大家逐渐放弃。有说时间不够用的，有实在写不出来的，有觉得自己文字没有出版的可能性而放弃的，有发现了其他爱好的，总之坚持者寥寥无几。

我们都知道水滴石穿、愚公移山，我们都相信积累的力量，相信大多数事情凡是赋予时间，必能有所成就。然而在现实生活中，真正能坚持做一件事的人还是太少了，这就是为什么很多人知道一堆道理还是过得很糟糕，甚至一事无成的原因。成功之路没有一条是可以快速直达的。

LESSON 2
才情，让你成为灵魂有香气的女子

我不是最好的，也并不是很红的作家，但我引以为傲的是自己一直在写，也一直喜欢用文字去表达，我愿意一直写到八十岁。当你心里有理想，那么先付诸行动吧，坚持久了，才有实现的可能。重复是一件乏味却也有趣的事情，但当这件事情成为你的信仰，信仰产生强大的执行力会带来你要的乐趣。

微博上有一个帖子："十年了，你还在坚持什么？如果能回到十年前，你会对自己说什么呢？"虽然只是短短的几句话，可是却引起了很多网友的讨论。

令我印象深刻的是这两条。

一位说："十年了，我依然坚持着我的园艺之路，并且拥有了自己的花园工作室。记得在十年前，我为了自己所喜爱的专业不惜和家人闹翻，因为家里不能理解一个花季少女要放弃工作去学园艺，去侍弄花花草草。现在我一点都不后悔那时的决定。如果能回到十年前，我会坚定地告诉自己：你的坚持是没错的，记住，不要为别人放弃自己的坚持。"

另一位说："十年了，我曾经学过吉他，也曾经学过舞蹈，而且还心血来潮地学过绘画，可是却没有一样坚持下来。现在的我在一家公司里过着朝九晚五的生活，单位每次年会我都羡慕那些可以在台上跳舞、弹吉他的同事。如果我能回到十年前，我一定会告诉当时的自己，无论是绘画、舞蹈还是吉他，我不奢望能把三样都坚持下来，但只要能坚持一样，我相信人生就不会像现在这样无趣。"

不知道大家看了上面这两条回答，心里是怎么样想的呢？

写给女人的醒脑书

　　我觉得，十年不晚。如果你还在坚持，那么请感谢从前的自己没有放弃。如果你还不知道想学什么，也可以现在开始学习一个技能，比如一个小语种、烘焙、花艺、理财课程、练好一手字……总有些事情你是可以去学的。在宣称赢在起跑线的年代，先出发一定存在优势，因为时间可以将后知后觉者甩出一大截。当你一直对自己有要求，一直坚持学一个技能，它早晚会成为你持久的优势。当你坚持的时间足够长则可以不用计较出发的早晚，十年二十年后的你会感谢自己今天的决定。

　　因为技能不仅可以让灵魂变得有趣，还不知道在什么时候会你带来好的机遇，让你脱胎换骨。

读万卷书和行万里路缺一不可

　　我始终认为读书不是一件了不起的事情，只是一个很好的生活习惯。我把它与喝水、听歌、赏花这些细微而令人愉悦的事情都归纳为生活的一部分。是慰藉人身心的好方式，与我的日常深切地黏合在一起，难以分割。

　　读万卷书，不仅是读书本中的知识，更是体验不同作者笔

LESSON 2
才情，让你成为灵魂有香气的女子

下的世态人情、明月清风。你想要的更好的人生，一定是个不断汲取养分，完善自我的过程。

每个女人都应该行万里路，不只是去看看风景、拍一些美照，更是希望遇到不一样的人、听到不一样的故事、看到不一样的风物。因为唯有走出去，你才会发现人生大不同。宇宙的尽头原来不在铁岭，不在你的一亩三分地。

雅娴私房说

汪曾祺的《人间草木》里有一句话："一定要爱点什么，恰似草木对光阴的钟情。"

掩卷一想：爱什么最好呢？还是爱书吧。

毕竟再没有什么比书更包罗万象，有助于增长你智慧的了。

少女时期的杨绛就已经深知读书的重要性。一次她的父亲问她："三天不让你看书，你会怎么样？"杨绛回答："不好过。"

父亲又问："一星期不让你看呢？"杨绛说："一星期都白活了。"

后来爱书的杨绛对于看书，打过惟妙惟肖的比喻。她把读书比作"隐身"的串门——即去参见钦佩的老师或拜谒有名的学者，不必事前打招呼求见，也不怕搅扰主人。翻开书面就闯进大门，翻过几页就升堂入室，而且可以经常去、时刻去。如果不得要领，还可以不辞而别，或者另找高明，和他对质。

这应该是我看过对阅读最形象的比喻了。也唯有爱书到骨子里的人才会有这样情真意切的感悟！

这世上比不看书更可怕的，就是你觉得不爱阅读是理所当然。当一个人把不求上进当作不努力的借口，大概真会成为井底之蛙，故步自封一辈子了。

东汉末年有个叫董遇的人，是当时非常著名的儒学大师。董遇之所以能够成为大知识分子，与他善于充分利用闲暇时间是分不开的。

有人问董遇："你是怎么读书的？"

董遇回答："我遇到读不懂的书，就反复地看，反复地读。"

这个人继续问："反复读一本书，哪有那么多时间呢？"

董遇说："那就利用'三余'的时间。"旁人好奇地问：

LESSON 2
才情，让你成为灵魂有香气的女子

"什么是'三余'的时间？"

董遇说："冬者岁之余，夜者日之余，阴雨者时之余也。"董遇的所谓"三余"读书法，意思是冬天是一年中最闲暇的时间，晚上是一天中最闲暇的时间，阴雨天是四时最闲暇的时间，而在这些闲暇时间做什么好呢？他都用来看书做学问了。

东汉兴平年间，关中大乱，董遇家生活非常艰难，他常随哥哥去山上砍柴。董遇去砍柴时随身都会带着书本，在空闲时间看。虽然经常被周围的人取笑，但董遇依然故我，终于成为名留史册的儒学大师，而那些嘲笑他的人却淹没在了历史的尘埃里。

请你静下心来回想一下，自己已经多久没有看过一本书了。如果你认为在手机上接收碎片信息也是一种阅读，那么你必须认识到，你已经堕落了。因为成年人阅读的意义应该是一种生活习惯，是为了让自己内心有一片乐园，更是为开阔视野，同时懂得如何实现自己的人生价值。

1. 阅读的意义是开阔视野，实现自己的人生价值

看过第五季《奇葩说》的人，大概都会喜欢詹青云这位毕业于哈佛大学的辩手。

《秒懂百科》这样描述她："平和语气里透着的缜密思维，坚定眼神下的强大气场，附之温柔但又准确的反击，让人对犀利的辩论有了不一样的理解。"

"你无法想象她到底读过多少书！""生女当如詹青云。"这

是很多人对知性、低调、随和,开口却永远有理有据、波澜不惊的詹青云的肯定。

在《奇葩说》中詹青云与陈铭之间的"对辩"和"开杠",是大家反复品味的片段。

他们从知识共享谈到智能芯片,从开尔文热力学谈到真理,又从量子力学谈到知识垄断,在一分多钟的时间里从他们嘴里飞出的每一个字都闪耀着知识的光芒。

在辩论"忘情水该不该喝"的时候,她从《西线无战事》说到《霍乱时期的爱情》,再到《美丽新世界》,旁征博引,一气呵成,最后,她动情地说:"那曾使我悲伤过的一切,也是我热爱过的一切。"这段辩词拨动了所有人的心弦。

这就是詹青云身上闪耀的智慧。她的动人之处不仅是庞博的学识,更是在理性里叠夹着的无限深情与热爱、宏观而又细腻的情感。

在《我害怕阅读的人》一文中,有句话是这样的:"我害怕阅读的人,当他们阅读时,脸就藏匿在书后面。书一放下,就以贵族王者的形象在我面前闪耀,举手投足都是自在风采。"

詹青云本科就读于香港中文大学,后又获哈佛大学法学博士。这位专业过硬的哈佛才女在面对选择工作时这样说:"就像我当律师,可以选择那些高薪的工作,去给那些大公司打反垄断动辄几十个亿的官司,也可以选择去给普通农民工提供一点法律咨询。我们这个社会从来不缺愿意为了高薪去打很贵官

LESSON 2
才情，让你成为灵魂有香气的女子

司的人，大把的人挤破头要去做那样的工作；而一个人愿意放弃这一切，去为普通人提供一点帮助，难道连你我的一句鼓励都得不到吗？我愿意做这样的选择，因为我不想做一个被挑选的人，我想做一个被需要的人。"

初听这番话，我内心翻腾的是诸葛亮的"志当存高远"，是杜荀鹤的"男儿出门志，不独为谋身"。

并非过分赞扬詹青云，但同是一份安身立命的工作，"兼济天下"总比"独善其身"有担当。

詹青云一路向上的求学之旅，也是一路开阔视野的阅读之旅。

可以说詹青云身上最打动人心的正是那读书人特有的样子，她总能把自己的小经历共情到一个大环境中，让我们明白人不是单独的个体，都应该在有能力的时候为社会做点什么。

命运让她生得平凡，是读书让她看到了更广阔的世界，活出了一个有智慧的知识女性的风姿。

2. 旅途的意义在于坦然应对未知

关于旅行每个人都有自己的见解，有的人想见识山河壮美，有的人想逛逛异国他乡，有的人想在旅途中遇见对的人……理由有千万种，但初心都是想去看看诗和远方。

旅行不仅是说走就走的自由，也未必一定要跨越千山万水，旅途的真正意义在于期待未知的惊喜，也坦然接受可能会发生的不如意。

写给女人的醒脑书

　　提到旅行，我第一个想到的人是张钧甯。她的光环很多，比如"台湾第一气质美女""女学霸高才生"。她在综艺节目里展现了各种各样的技能，爱运动、爱旅行，很自律、不怕苦、不怕累。她气质独特，时而淡如幽兰，时而烈如郁金香，总给人温暖、坚定和乐观的印象。三十八岁的她至今独身，活出了超级精彩的自我。

　　张钧甯的旅行并不是为了自拍美图、发朋友圈，而是列有目标，她会列出自己要挑战的事，这些事都是需要勇气和坚持才能达成的。

　　后来，旅行成为了她生活的一部分。她去西藏爬山，和同伴在海拔 5200 米高的地方转山，一天之内经历四季的变化，整整三天风餐露宿徒步走完 54 公里却不觉得辛苦，反而因自己拥有得太多而感到很知足。她说："我不是在转山，而是在转心，好多好多感恩的心。"她这一趟旅行寻求的是内心的平

LESSON 2
才情，让你成为灵魂有香气的女子

和与自省。

去外蒙古旅行，是因为她想去看看自己资助的第一个蒙古小女孩。当她望着面前瘦弱的小女孩时，她有一种陌生而熟悉的感觉，一时不知道说什么好，只希望这个女孩可以好好上学，将来可以有不一样的人生。

当然也会有悠闲的旅行。比如去海边漫步，带着妈妈去日本泡温泉——因为妈妈喜欢。

2018年，张钧甯参加了探索类纪实真人秀《跟着贝尔去冒险》，她在节目里呈现的状态一看就是经常独自旅行、进行户外挑战的人。那种真实的探险，挑战味蕾、挑战体力、更挑战勇气，对此张钧甯完全开启了"耍狠模式"，燃起了挑战热情。

面对节目中的第一个项目攀岩，没有人敢第一个出发，是她毫不犹豫地冲锋在前，干净利落地完成了任务。

此外，面对从直升机上往下跳水等各种高难度挑战，张钧甯都完成得很漂亮。有一次不小心摔了一跤，满嘴都是血，她却依然笑称没关系。

在我看来，正是那些敢于探索的旅途，给了她不矫揉的勇敢的心。那些越过山丘后留在脸上的污泥、风餐露宿后留在身上的伤，让张钧甯有了一种坚定无畏的美。

她说，未来还想去看北极光、动物大迁徙，想去尼罗河看古文明……为了那些远方，她会珍惜每一个当下，好好工作，好好健身，认真生活。

旅行的意义也就是这样吧——不仅是欣赏美景，更是一种风来吹风、雨来看雨的精神。体验不曾体验的整个过程才是人生最宝贵的财富。

旅程是我们认知大千世界的路程。也许你走过北京的天桥和胡同，也看过水上威尼斯和布拉格广场的夜晚，但要问最喜欢哪里的景色，我想，你一定会回答"最好的景色在远方"。

能力，可以将一手烂牌打成好牌

相信我，你的闲暇时光蕴藏着你的无限可能。因为这一点坚持，你的生活会向阳而行，会逐渐变得不一样。

LESSON 2
才情，让你成为灵魂有香气的女子

·◊· 雅娴私房说 ·◊·

前面我提到，女人的才情是才华和共情的综合体现，才华中当然包含能力，它是女人向内在力量求索的表现，是她一切魅力的源头。

黑格尔说：一个深广的心灵总是把兴趣的领域推广到无数事物上去。古往今来，那些诗词大家、文学泰斗总是毫不吝啬用最优美的诗词来赞美人的能力。李白斗酒诗百篇，所以放言"天生我材必有用，千金散尽还复来。"毛泽东在《沁园春·长沙》里感叹："恰同学少年，风华正茂；书生意气，挥斥方遒。指点江山，激扬文字，粪土当年万户侯。曾记否，到中流击水，浪遏飞舟？"

1. 将兴趣提升为能力，让生活向阳而行

如果说兴趣是做好一件事情的原动力，那么能力则是做好一件事情的基础。然而兴趣如果不提高，则不足以成为我们傍身的能力、养活自己的本领。

许多人都有这样的体验：因为看到身边某个人的健身效果，就兴冲冲地去学游泳、跑马拉松；因为吃了同事做的点心，就兴冲冲地去学做蛋糕；因为羡慕朋友的摄影技术，就去报名摄影课程……但最终，多数人会因为"一看就会、一学就废"而放弃。

兴趣也许只是一时冲动，但能力之所以成为能力，必然是要花苦功夫的。郎朗不是生来就能把钢琴弹得行云流水、达到世界一流水平的。在很多采访中他说过，自己没有真正的童年，童年时光基本上都是在练琴、考级、拜师、参加比赛的路上。

美国电影《朱莉与朱莉娅》讲述了两个女人平凡的生活因为对美食的兴趣而变得彻底不同。影片中，她们是出生在不同年代、不同地域的两个人，甚至一生都没有见过面。但朱莉娅对美食的执着与热爱，及其健康幸福的家庭生活感染了朱莉，无形中成为她能力进步的指路人。在朱莉娅改变世界之前，她只是一个生活在法国的平凡的美国女人，最大的爱好就是"吃"。就像所有因为冲动而产生兴趣的人一样，她反问自己："为什么我不能去专业的美食学校学习做菜？"

于是，在被一群法国男人"霸占"的厨房中，朱莉娅这个外乡女人开始尝试制作传统法国大餐。最终她获得了成功，并将自己的经验集结成一本厚厚的《掌握烹饪法国菜的艺术》出版。

朱莉则是美国政府的一位普通职员，在其乏善可陈的工作中，她感到无聊与力不从心。她面对着三十而立的焦虑，特别是身边的朋友一个个在职场上如鱼得水，而自己仿佛一直在原地踏步，这让她有些自卑。朱莉不知道到底有什么能力可以让自己更出色，似乎从小到大她都没有什么坚持做成的事情，于是她下定决心，一定要做些什么来为自己的生活添一点色彩。

因为喜欢朱莉娅的美食书，她选择了美食烹饪，用 365 天

LESSON 2
才情，让你成为灵魂有香气的女子

完成《精通烹饪法国菜的艺术》中的 324 份食谱，并坚持分享在自己的微博上。

这是两个女人轨迹融合的开始。她以美食烹饪为媒介，逐渐深入朱莉娅的生活中，探寻她的一切习惯与爱好，并将其与自己的生活进行对比。

她在自己的微博分享："我一直在对比朱莉娅和我的生活，她是一个在政府工作的秘书，我也是。我们都嫁给了一个非常好的男人，我们都曾迷失，又都因为美食而重新点燃生活的希望。我们有不少相同的地方，但我并不是朱莉娅。朱莉娅永远不会因为烧坏了东西、做坏了饭或打碎了盘子就发脾气。"

一个人将兴趣坚持下来，就是能力的提升。即使做得不好，也不要气馁，默默再做就是。在完成一年烹饪目标的同时，她也一步步改变自己的生活方式，反思自己的生活态度。她看清了自己理想中女人的模样：永远乐观，永远有追求，有能力将热爱的事做好，从不妥协，从不放弃。

与此同时，她理解了婚姻的意义，深悟到了爱人对自己的重要性。

她对丈夫告白道："艾瑞克，没有你的支持，我永远也不会有今天，就像保罗说给朱莉娅的那句话一样——你是我生命中的氧气，是那个最重要的人。"

她像朱莉娅一样，有了可以傍身的能力，重新找到了自己热爱的事业，并在坚守的过程中实现了自己的梦想：她也出版了自己的书籍，搬离了原来小小的阁楼住上了新房。朱莉的书还被拍成了电影。

如果你的生活陷入舒适区，或者学业没有进步，工作没有起色，家庭生活没有想象中那般美好……不妨为自己培养一个适合自己去挑战和突破的能力。

相信我，你的闲暇时光蕴藏着你的无限可能。因为这一点坚持，你的生活会向阳而行，会逐渐变得不一样。

2. "而立"是一种立志的态度，无关年龄

而立不仅是年龄，而是一种立下志向的态度。无论身处哪个年龄段，做一个心里有理想、有志向的女人，就是一个可以立得起来的女人。

2020年，因为新型冠状病毒疫情的影响，很多公司不景气，大量裁员。我认识一个三十七岁的包装袋设计师，她所在的公司因为进出口贸易资金链断裂，老板跑路，被欠下的三个月工资也要不回来了。

三十七岁的女人，还要跟应届毕业生一样去挤公交、地铁、跑人才市场。而她的家里还有刚上初中的女儿和收入不稳定的丈夫。

后来，她凭借自己优秀的色彩感设计出了环保又实用的礼品袋，跟一家公益机构谈合作时，对方说自己缺乏资金成本，但是可以给她相应的媒体宣传机会，问她介不介意只收成本费。虽然进账不多还贴了时间成本，但是朋友欣然同意，因为她觉得这个公益活动是为了募集留守孩子的午餐费而举办的，

LESSON 2
才情，让你成为灵魂有香气的女子

自己可以尽一分力是很荣幸的。意想不到的是，她设计的环保包装袋得到了大家的认同，甚至有人为了得到包装袋而特地来参加公益活动。

于是有客户通过公益机构找到她，一口气订了一千份包装袋做中秋节礼盒。一个有能力的女人就这样凭借能力赢得了人到中年的第一个大订单。她克服万难，自己成立了一家工作室，还邀请了之前的同事一起创业。

这一切都得益于她对包装设计的热爱。十多年来，她充分利用上下班时间在电脑上绘图，遇到好看的礼品袋会研究半天。她从来没有忘记自己喜欢的是什么，并且打造了自己的核心竞争力。

李子柒是目前国内最红的美食短视频博主，但她的视频火爆显然不是靠幸运，而是靠坚持。

最初，李子柒只是一个因为家里拮据而从农村出来的打工妹，做过服务员等多种职业，因为奶奶病重需要人照顾又回到了农村。

农村的生活节奏是缓慢的，除了照顾奶奶，如果不是播种季节，闲暇时光很长。闲暇之中，她会通过手机看短视频，渐渐地心里萌生了试一试的想法。因为没有任何的拍摄和剪辑功底，她便到网上找各种剪辑视频和拍摄视频反复观看，坚持学习。

开始时李子柒上传了几十个视频，因为是手机拍摄，剪辑一般，画面也有些模糊，点赞量寥寥无几。但李子柒没有放弃，她专门去向美拍特效视频的制作人请教，还在别人的建议下省吃俭用换了个单反相机，坚持把每天遇到的喜欢的和有价值的东西随手拍摄下来。

为了学习一门非物质文化遗产手艺，她会查阅上百份相关资料，并把看到的资料一一记录下来。为了学习木活字印刷术，她花了三个多月的时间练习写反字。李子柒的爷爷是村里的乡厨，善于做农活，还会编制竹器。李子柒一有空就会帮爷爷打下手，耳濡目染加上平时的积累，她也成了一个巧手姑娘，这为她以后拍摄短视频积累了素材。一年半后，她的短视频比之前灵动了许多。这个时代浮躁的人太多，能够慢慢打磨自己、慢慢打磨产品的人很少，所以能够成功的人更少。

为了制作出正宗的兰州牛肉面，李子柒专程找到甘肃的拉面师傅学习，并练习了一个多月的揉面、拉面，每天拉面拉到胳膊发酸。因为这份凡事认真、坚持的心态，后来她做兰州拉面的视频一举成功，全网点击量达到了五千多万。因为大家看到不是作秀的镜头——镜头中的李子柒有条不紊地操作，每一个动作都熟练而优美，而这些都是时间沉淀的成果。

她的这些积淀也都呈现在了拍摄的视频里——不做作、不矫情，做事稳重，给人一种特别朴实和踏实的感觉。不是所有女人都向往爱马仕和卡地亚，还有一种女人喜欢这样浮云野水的生活——抬头见星辰，低头编竹篓。所以看她的每一条视频享受到的不仅是美食，还有视频背后流淌出来的那份宁静。

李子柒曾经说："你们羡慕的生活技能，或许是别人的求生技能。"就是这份对"求生技能"的热爱与坚持，才使得一

LESSON 2
才情，让你成为灵魂有香气的女子

个视频即使没有一句旁白，也能让人安静地看下去。

社会心理学家卡罗尔·德韦克在《终身成长》中说过这样一句话，成长型思维模式确实会让人们爱上自己做的事——即使面对困难，也会继续坚持。希望我们都有这样终身成长、坚持学习的信念。

克服起初那一点点怠慢，一旦进入某种状态，能力就会井喷，终有一日，你会与那个明媚的自己相遇。

3. 善用时间的人，会实现兴趣到能力的飞跃

每个人的时间都有限，能好好利用时间的人，往往都是能力提升很快的人。

有句话叫作：功夫在八小时之外。你利用空闲时间坚持做的事情，才会在后来真正拉开你与同龄人间的段位差。

哪怕从最平常的事情开始努力，长期坚持也能有所收获。如果你爱吃吃喝喝，每天都能更新美食视频，或者你会成为一名人气很高的美食博主；如果你热爱美妆购物，且能持续输出购物信息、美妆心得等，坚持下来也许会成为一名美妆达人。

每个女人的身体里都潜藏着无限可能，只是在等待你去开发。多挤出一些时间做你想做的事，日复一日，时间会给你最好的奖赏。

爱因斯坦说："人的差异在于业余时间。"

所以，"你的时间用在哪里，明天就会成为什么样的人"这句话虽然老土，但是没毛病。

相由心生，给予内心多一些养分

人的容貌与性格之间是有所关联的。曹雪芹笔下多愁多病的黛玉"两弯似蹙非蹙笼烟眉，一双似喜非喜含情目"，精明强干的探春则是"俊眼修眉，顾盼神飞"。

忧郁的人眉头紧蹙，宽厚的人眼神温和，自信的人爱笑，自然嘴角上翘。一个人的言行举止会隐秘地反映我们的内心世界。

LESSON 2
才情，让你成为灵魂有香气的女子

·≼· 雅娴私房说 ·≽·

人通常会因外在形象给别人留下一个特定的第一印象，比如俏黄蓉、憨郭靖、神仙姐姐小龙女等。

我们认识一个人是需要过程的，从看见——判断——到形成印象。用最直接的"看到"来完成认知，这是人的本性。

因此，相由心生是最直接、最简单、成本最低的判断一个人是否值得交往和信任的方法。

如果你的外表干净整洁，起码说明你生活有条理。

如果你的身材保持得不错，起码说明你生活有规律。

如果你能谈笑风生、举止大方，说明你性格开朗，愿意与人亲近。

所以相由心生并不是只看五官，而是通过整体外表去看见你的内在气质和品质。

王尔德在小说《道林·格雷的画像》中写道："当你年龄渐长时，你的容貌会比你年轻时更能准确地反映出你的性格。"

从青春期到三十岁时，女性的魅力多与身材、长相有关；而三十岁之后，直至四十岁、五十岁时，那些爱惜自己，不断给自己输入新知识，且为人善良、生活有趣味的女人，更容易成为大家眼中有魅力的女人，也会被认为是岁月从不败美人的典范。但其中一部分女人实际上在青春期时并不出众，而因为一路走来自我认知不断焕新，年长时反而比年少时更加美丽。

因此，若是你希望带给人积极正面的感觉，那么你所要做的不仅是外表上的提升，更重要的是给予自己内心层面的给养。

1. 养成平和的好心态与昂扬的好状态

人生是一场没有彩排的直播，很多时候说错的话，是泼出去的水，没有反悔的机会，所以任何时候都不要小看才情，才华、共情力。

都什么年月了，如果你还在以"直肠子，没心机"等为自己不会说话找借口，真的没人会相信，对你的印象只会是没素质、没有同理心，默默地就把你划入了不宜深交的黑名单了。

小媛是我以前合作项目公司的对接人，初次接触她时感觉这是个如水般温柔的女孩，面容莹白透亮，唇角扬着微笑，状态让人看得特别舒服。

有段时间，公司的重要业务全部堆积在一起，全公司的人都在挑灯加班，而小组负责人芬芬家里老人的身体却在此时出了问题。小媛听到了主动说："芬姐，这里我来负责。你快回家带老人上医院吧！"

忙中出错，小媛在项目交接时出现了纰漏。总经理当着全

LESSON 2
才情，让你成为灵魂有香气的女子

公司人的面责问小媛的工作过失，并且大声呵斥："没那个本事就早点走人，公司不养闲人。"

当时的小媛脸涨得通红，眼泪止不住地流，但她却并没有过多解释。刚刚被总经理责骂过的她，跑到卫生间洗去满脸泪痕之后，立刻回到了工作岗位，继续处理那个项目的问题。

虽然出了插曲，但是所幸项目最终如期完成，并没有给公司带来任何损失。后来在小媛的耐心查询下，发现交接错误是甲方公司造成的，与她和她所在的小组无关。

事后不久，公司要提拔中层，芬芬作为高管推举了小媛，小媛被提升为市场部经理。

心高气傲的总经理更是在公司开会的时候，难得地赞扬了小媛沉得住气、主动承担责任、积极解决问题的工作方式。

试想一下，若是你面对上司的误解与非议，是否能稳定住自己的情绪，并能迅速调整心态，重新投入到工作之中？你是自己情绪的主人，还是任由情绪操控自己？

在后来与小媛的接触中我发现，她能鹤立鸡群、优于常人正是凭借自己不被繁杂琐事打扰的好心态。任何时候，她都能沉稳自如，不会受琐事或者情绪干扰而做出偏离正确轨道的事情。即使有悲伤、喜悦、痛楚、无聊，小媛也不会让自己长期沉湎其中。在激烈的职场竞争中，她永远保持昂扬的精神状态。

2. 懂进退不争辩，积攒自立路上的"经验值"

一个人表面呈现的美好，不过是她内在修养的体现。懂得进退不争辩，正是一个心胸宽广之人的标志。

十五岁的张幼仪奉父母之命嫁给了多情才子徐志摩，可是和徐志摩七年的婚姻对她来说不是幸福，而是无尽的痛苦。婚后的张幼仪与徐志摩聚少离多，即使在难得的相聚时间里，徐志摩对她也是懒得沟通、懒得交流，他嫌弃张幼仪土气，对她冷暴力，在张幼仪怀了二胎后还逼迫她打胎。

张幼仪曾说："有人因为打胎而死。"徐志摩冷漠地回答："还有人因为火车肇事死掉，难道你看到人家不坐火车了吗？"

听听这话有多伤人？按如今的话来说也是个"渣男"了。徐志摩从来不肯把他的浪漫和温柔分给张幼仪一点。张幼仪在德国生下二儿子彼得之后，徐志摩追到柏林逼她离婚，原因自私到可笑——他要去追求另一个姑娘林徽因。

这时的张幼仪不知道内心有多煎熬：丈夫婚内爱上了别人，还理直气壮逼自己离婚，此时二儿子刚刚出世，无人照顾，自己在国外语言不通，也没人照料。

但张幼仪却没有争吵，答应了给徐志摩自由，成为中国历史上依据《民法》的第一桩西式文明离婚案的女主角。可以说张幼仪一生中的不幸，几乎都与她的第一任丈夫徐志摩有关。

由于经济拮据，营养跟不上，张幼仪没有母乳，为了省

LESSON 2
才情，让你成为灵魂有香气的女子

钱买的牛奶也不太卫生。小儿子因此感染寄生虫，不久就夭折了。

面对所托非人的不公，张幼仪选择了不抱怨，退一步坚强面对。但对今后的岁月，她却有了清醒的认知。她要学习，要成为一个独立的、可以掌握自己命运的人。她揣好破碎的心，重新去学校读书，在二哥的鼓励下经营银行，独自抚养儿子，甚至在离婚后还帮助手头拮据的徐志摩料理了老人的后事。

一个曾经被丈夫嫌弃"土气"的前妻，从未曾恶言相向，还多次对丈夫雪中送炭，足见张幼仪的气度与涵养。

那些流过的泪、吃过的亏，反而成了她勇往直前、自强不息道路上的"经验值"。我们这一生倾其所有，兜兜转转不就是为了成就更好的自己吗？

所谓"进一步有进一步的欢喜，退一步有退一步的从容"。你的一言一行，体现的是你灵魂的模样。愿意放过他人，某种意义上就是成全自己的一片碧海与蓝天。

3. 优雅和教养，是一个女人永远的财富

阿志和女朋友漫漫是在一次聚会时认识的。漫漫的长相、身材都不算出众，却因为几件小事让阿志瞬间心动了。

阿志说漫漫当时正和闺蜜一起吃冰糖葫芦，吃完后，她将两根签子折断，用纸巾包起来后才扔到了垃圾桶里。用餐时，不管是服务员过来点单还是上菜，漫漫都会认真地道谢。

相比于其他桌子上堆满纸巾和渣滓、宛如灾难现场，漫漫这桌却十分整洁——因为她在走之前将桌面清理了一下，用餐巾纸把桌上的污垢擦去。服务员向她们说"谢谢光临，请慢走"时，漫漫微笑着冲她们点了点头。阿志说："她向服务员微笑和道谢时的样子，很迷人。"

如今六个年头过去了，他们一直很幸福。因为这样一个处处为他人着想的女人，家里老人喜欢，单位同事欣赏。有人品作背书，一切都是越来越好。

有些行为和语言，没有人或法律规定你一定要这样做或者那样说。你可以选择不做、不说，但当你做了、说了，你便比别人多了一份优雅与教养，而这份优雅和教养是一个女人永远的财富。

看过文学纪录片《掬水月在手》的人，一定会被叶嘉莹先生深深打动。她一生致力于古典诗词的教学与写作，被誉为"白发的先生""诗词的女儿"。

叶嘉莹并没有"锦鲤"一样的人生，反而是命运多舛。十七岁的叶嘉莹便经历了与母亲死生离别的痛苦。在《朗读者》节目上，她回顾往事说曾在那个年龄写下《哭母诗》，字字泣血："瞻依犹是旧容颜，唤母千回总不还。凄绝临棺无一语，漫将修短破天悭。"看着这诗句，再没有什么痛苦，能痛过钉子钉进棺木的声音。

二十二岁那年，叶嘉莹经老师介绍认识了赵东荪——一个不爱诗词，偏好政治的男人，当时在海军服务。不久两人在上

LESSON 2
才情，让你成为灵魂有香气的女子

海结婚，后来随丈夫前往台湾，谁知一去故土便是流离多年。丈夫以"莫须有"罪名入狱，她也被牵连其中，携带尚未断奶的女儿一同入狱。

出狱后，她无家可归，暂住亲戚家。夜里她就铺一条毯子，和女儿睡在走廊的地上；白天，她就抱着女儿到外面的树荫下转悠，以免孩子吵闹影响到亲戚的生活。

在那样艰难的环境下，替他人着想且淡然处之是一种高贵的品质。后来丈夫出狱了，但经常失业，脾气变得暴躁，若是互相吵闹这日子就过不下去了。所幸她是叶先生，还有诗词相伴，凭着自己过硬的专业，叶嘉莹终于迎来了事业的转机，她被邀请赴美国密歇根大学、哈佛大学讲学。借她之言，让更多的人照见了古诗词之美。生活总算是安定下来了，但年过半百的叶嘉莹却又遭遇了不幸——她的大女儿新婚不久便与女婿出了车祸，同时去世。哭过之后，她依然到处讲学。1978年，叶嘉莹要求回到祖国教书育人，最终选择定居南开大学。

温家宝总理曾在她九十岁生日时发来贺词，赞誉叶先生："心灵纯净，志向高尚，诗作给人力量，多难、真实和审美的一生将教育后人。"

而叶嘉莹自己说：她只是想把自己体会到的古诗词世界的美好与高洁带给更多年轻人，让不懂诗词的人也进入这个美好的世界。

叶先生最近一次公开露面是在2020年9月，九十六岁的她给南开大学新生讲开学第一课。坐在轮椅上中气十足的她，还调侃自己的头发竟变黑了一些。这份从不声张却融于内在的乐观深深感染了她身旁的每一个人。

素养是一个女人剥离了外表之后的表现，是放在浩瀚人群里也能一眼分辨出的气场，是灵魂真实的样子——芬芳，隽永。

LESSON 3
品格，决定你前路的长度

不感谢苦难，但要跨过苦难

多数人事业刚起步还达不到成功级别的时候，总会有那么一段时间是比较清贫、寂寞的。这时候需要一种耐得住寂寞的品格。

倘若这段时间坚持下去了，以后将会柳暗花明；倘若这段时间消沉颓废了，一辈子也就难有大出息了。

雅娴私房说

最值得敬佩的是这样的姑娘，能够遇苦吃苦、遇欢接欢、遇雨撑伞、遇雪扫

LESSON 3
品格，决定你前路的长度

雪，生命的底色始终是彩色的，用内在的阳光抵挡迎面的风霜，终会收获属于自己的晴好明天。

蔡文姬是三国时名士蔡邕的女儿，身为名门才女，但一生却是颠沛流离，被认为是历史上吃得苦中苦的女性第一人。

蔡文姬第一任丈夫名叫卫仲道，是位和她年龄相仿的青年才俊。但天有不测风云，蔡文姬和丈夫恩爱生活了还不到一年，卫仲道便因偶感风寒，咯血而死。

她的父亲不久也因董卓之乱被司徒王允杀死。后来关中地区又发生了李傕、郭汜的大混战，长安百姓到处逃难。那时候，匈奴兵趁火打劫，掳掠百姓。蔡文姬在流亡途中碰上匈奴兵，被他们掳走了。匈奴兵见她长得貌美，就把她献给了匈奴的左贤王。于是她在无亲无故的匈奴一待就是十二年。这十二年真是岁月长衣裳薄，望断天涯心难安。蔡文姬在这样的环境中却没有沉沦，用至情至性的心路历程写成了惊艳世人的《胡笳十八拍》。

等到匈奴跟汉朝的关系缓和一些时，曹操想起他的故友蔡邕还有一个女儿留在匈奴，就派使者到匈奴把她接了回来，并自作主张给她找了一个丈夫董祀。董祀觉得蔡文姬嫁过人，又美貌不再，基本就是把她当空气，只是碍于曹操的面子不敢休了她。蔡文姬却从不抱怨，直到有一天董祀犯了法，被曹操的手下人抓了去，判了死罪，眼看快要执行了，蔡文姬不计前嫌跑到曹操那里去求情。曹操念及蔡文姬对丈夫的情意，宽恕了董祀。

这让董祀看到了蔡文姬的度量与胆识,从此对她敬重有加。这真应了一句老话:"守得云开见月明。"蔡文姬用自己的大智大勇最终赢得了董祀的爱情。从此以后,董祀感念妻子的包容与大气,洗心革面开始做一个好丈夫,和蔡文姬隐居山水间,过着男耕女织、生儿育女、对酒高歌的日子,颇有神仙眷侣的风范。

也许这世间的确有这样一群女性,造物主赐予她们非常人所能承受的深重苦难,就是为了激发她灵魂深处的力量,让她展现出暗藏在体内的璀璨光芒。

琳琳是一家时尚杂志社的编辑,每天化着精致的妆容,鲜衣怒马地生活。但天有不测风云,在一次急匆匆赶去一个明星发布会的途中,一辆轿车撞上了她。

她醒来时觉得自己睡了好久,口渴了想坐起来喝点水,忽然发现自己的腿不能动弹,原来她的腿骨严重骨折,脊椎也严重受伤。

二十四岁是一个女孩最好的青春时光。她躺在病床上,大脑一片空白,未来如同一个巨大的空洞,使她在恐惧中无力挣扎。

在她最需要支持、安慰的时候,那个说过会照顾她一辈子的男朋友在一次探望之后,消失得无影无踪。

幸好父母是她最坚强的依靠,一直开导她不要放弃,鼓励她按时做康复训练一定会好起来。爸爸还给她讲了一个故事:

LESSON 3
品格，决定你前路的长度

有一只小猴子，肚皮被树枝划伤了，流了好多血。它每看到一个同伴就扒开伤口说，你看看我的伤口，好痛啊！每个看见它伤口的猴子都安慰它、同情它，告诉它不同的治疗方法。小猴子不断地给朋友们看伤口，不断地听取别人的意见，后来因为伤口感染死掉了。

痛，每说一次就加深一次。别人的同情，只会让自己更难过。那些在自己最需要的时候远离的人，恰好可以借这个机会看清他们的品质。

在这种情况下，她看到了电影里的弗里达：穿着鲜艳的服装，痛苦被鲜艳分解得支离破碎；她爱过，也离开过；在光怪陆离的人群中，桀骜不驯；她不为别人而活，就为了自己。琳琳把弗里达当成了活下去的典范。她觉得弗里达生命中的灿烂和辉煌里混杂着太多苦楚，这些苦变成了浓墨重彩的线条，曲折地勾勒出了人生的轮廓。

她在一次次手术后苏醒，恨不得把身体大卸八块，然后一股脑儿丢进护城河。但身体没有被丢进护城，她决心好好活着。

经过几个月的治疗，她可以坐着轮椅呼吸新鲜空气了。将近一年之后，她终于可以蹒跚地行走。琳琳知道自己未来会更好，因为能从谷底重新站起来，就是人生最大的幸福。

车祸留给琳琳的纪念礼物是左腿的永久性运动障碍。很显然，她不再适合那份需要经常奔波的时尚编辑的工作了。

她认真制作了简历，也如实描述自己的现状。经过无数次投递之后，终于有一家文化公司愿意接纳她做一名内容运营。接到通知时，她激动得抱着父亲，眼泪笑得溅成了花朵。

自那以后，琳琳不懂就学，不耻下问。为了一个标题能吸引多一点的读者打开，她绞尽脑汁，想出五十多个标题让同事来比较选择。很快，她的一篇文章有了十万加的点击量，接着她又一连出了好几篇阅读量极高的文章。于是不断有广告商来谈软文合作，她给公司带来了极大的效益。

琳琳凭自己的业绩得到了公司的最高奖励，由月薪四千元升为年薪二十五万元。大家都觉得这个努力工作的女孩很棒，能力强到令人叹服。

琳琳知道眼前的一切看上去云淡风轻，实际上来之不易。她不感谢自己经历的苦难，但是一定不会忘记那段痛苦的时光，因为正是对苦难的跨越，使她得到了今天的肯定，这是对自己重新振作最好的奖赏。

你的高贵，是优于过去的自己

海明威说："优于别人并不高贵，真正的高贵应该是优于过去的自己。"

我要说的这个女人叫刘玉玲，我最喜欢的女演员之一。2019年在好莱坞星光大道留名，是历史上在星光大道留名的第四个华人影星。她从一个缺少机会的亚裔女演员，成为了好莱坞最成功的亚裔女明星。刘玉玲说她在年龄很小的时候就清晰地树立了个人目标，并且在遇到困难的时候，坚信自己可以

LESSON 3
品格，决定你前路的长度

跨越。

　　刘玉玲是第二代华裔移民。她的父母在台湾时一个是工程师，一个是生化学家，但这对知识分子在移民美国之后，一切只能从零开始。小时候家里拮据，她做童工来贴补家用，年龄稍大之后更是做过秘书、舞蹈教练、服务员等，一周工作七天。

　　在这样艰难的环境里，刘玉玲并没有放弃学业，她毕业于美国的高中名校，顺利考进密歇根大学研修亚洲语言文化，大学期间积极参加各种社团，一切都为她的演员职业做好了铺垫。最初，她在各种剧集里面"打酱油"，都是活不过一集的那种角色；直到二十九岁时，她在《甜心俏佳人》中客串了一个律师角色，靠着个人魅力赢得好评无数，逆转为常驻角色，还获得了当时艾美奖最佳女配角提名。

　　谈及刘玉玲的演员职业生涯，一定绕不过《杀死比尔》。在《杀死比尔》中，她在影片的最后部分出场，但却令人过目不忘。片中她饰演的黑帮老大御莲，是电影史上非常经典而具有魅力的反派角色，比主角更闪耀。

　　之后《霹雳娇娃》系列大火。片中她饰演的艾利克斯，出场飒到没朋友，有一场戴着眼镜、穿着紧身裙、拿着教鞭的名场面，成为不可复刻的经典镜头。

　　在《基本演绎法》中，她演了女性"华生"，冷峻专业、沉稳理性。最大的挑战在于影片把华生变成了亚洲人，又是个女性，这在美国的各种电影、电视剧中是绝无仅有的，而刘玉玲完成得几乎无可挑剔。她口才很好，综艺感也很棒，她是第一个主持《周六夜现场》的亚洲女性，在其他各类脱口秀节目中也表现得极有节奏，从不冷场。

很多人被刘玉玲自导自演的《致命女人》"圈粉"，而用这个剧名来形容她本人也再合适不过。因为她的人生经历，就是一个智慧女人呈现致命魅力的过程。

除了能演、能导，刘玉玲还是个优秀的画家。她十五岁开始学习画画，是个非常有天分的人。她在所有的画作上均署名为 Yu Ling，就是为了规避演员身份的名气给绘画带来不必要的困扰。她希望在多样的情感体验中去吸收对自己有用的东西。绘画艺术与创作成为她人生中非常重要的事情。

刘玉玲还有一个经典的言论"Fuck you money"。这是她从父亲身上学到的道理，就是要努力工作，努力赚钱，但这种钱叫"Fuck you money"。如果你有了这笔钱，当你不想做事的时候，就可以非常洒脱地走人。

女人强大的生命力，正在于优于昨天的自己。要吃得苦，之后才能享受甜，然后才有资本对不喜欢做的事情说不。

LESSON 3
品格，决定你前路的长度

学会体谅别人的欲言又止

每个人都会有难言之处，而聪明的人会懂得体谅别人的欲言又止，不着痕迹地维护对方的面子。这样才能收获好人缘。

雅娴私房说

海明威说过：我们花了两年学会说话，却要花上一辈子来学会闭嘴。这真是关于言多必失的箴言了。

人与人之间最好的状态，就是懂得给予彼此舒服感。这种舒服的前提是，内心有足够的善意，有不让对方为难的肚量与情商。

某公司中午喜欢凑份子吃午餐，这样一来不用吃快餐，二来人多可以多点几个好菜。这天轮到李姐牵头，她提议以AA制的方式去亚马逊餐厅吃自助海鲜。亚马逊餐厅的菜品种类多、味道不错，就是价格有点贵，人均要一百多元，多数同事碍于面子表示同意。此时一个女孩小声地问了一句："李姐，我有事，能不能不去呀？"

李姐严肃地说："不行，是集体行动，都要参加。"

小姑娘低下头，没有吱声。

李姐补了一句："一会儿记得微信转红包，我统计人数。"

小姑娘没有点头。

看着小姑娘有点为难的表情，李姐这才反应过来，女孩子刚刚参加工作，薪水不多，每个月要租房还要吃饭、坐地铁，开销不小。

李姐恍然大悟，过了一会儿和大家说，打电话过去发现那

LESSON 3
品格，决定你前路的长度

家餐厅已经订满，便换到了公司附近那家咱们常去的菜馆了。那里好吃又实惠，大家都表示赞成。小姑娘也微笑点头，表情明显轻松了许多。

每个人都会有难言之处，聪明的人会懂得体谅别人的欲言又止，不着痕迹地维护对方的面子。这样才能收获好人缘。

小亚是个普通大学毕业的文科生，刚到一家单位实习。她长得乖巧，嘴巴也甜，对年龄大点的都叫小姐姐、小哥哥，刚开始大家去哪里吃饭也都会叫上她。

时间一长，大家发现小亚很任性，对喜欢的人眉开眼笑，对不喜欢的人横眉冷对，有时候说话很尖酸刻薄。

最近，单位要举办运动会，她看报乒乓球比赛的男同事在练习，就过去凑热闹，于是人家问她要不要加入。小亚却摇头说，这个比赛适合身高一米六以下的人参加，自己个子高适合打篮球。恰巧那个男同事个子就不高，于是立马闭嘴不再说话了。小亚还不觉得自己说错话了，拉上办公室另外一个女孩说："西西适合，你的个子矮，你们正好凑一对。"西西只能尴尬一笑，赶紧走开了。

还有一次，公司一个女孩找了个富二代男朋友，第一次正式上男朋友家见家长后，回来把自己拍的男友家上下两层的别墅视频分享给大家看。

大家纷纷表示祝福和羡慕：

"这房子真大啊，好幸福！"

"你男朋友的妈妈保养得真好，皮肤好有光泽。"

小亚却来了一句:"你要看紧这么有钱的男朋友啊,别让人抢了。"

一下子就把热闹的场面冻结了。

女孩自然不开心给了她一个白眼,问:"小亚我得罪过你吗?"

小亚似乎没有听懂,回答说:"没有啊。你男友这么有钱,是做什么的呢?不对,应该问你男友的父母是做什么的?"

女孩:"和你有关系吗?"

小亚:"是没有,就是好奇。是做大生意的吧?也可能是当官的对不对?"

女孩不再理她,自己走开了。

小亚在单位被渐渐地孤立起来,因为谁都不喜欢她好奇心太强,说话又没轻没重,不知道她一开口又会扫谁的兴。

就这样,小亚在试用期结束的时候与这家公司绝缘了。

"人是要自己亦是美人,才能知昨天有美人在此经过。"这是胡兰成《山河岁月》中的一句话。

美的语言如玫瑰有余香,美好的人也一定不会允许自己说出不美的话。如果你在说话之前先停顿三秒想一下,这句话会不会令对方不舒服,那么,那些好奇的、伤人的话,应该就不会脱口而出了。

1. 听懂别人的弦外之音

我们小时候对于自己的好恶可以直截了当表达出来,别人

LESSON 3
品格，决定你前路的长度

还会夸你可爱、诚实，如果在进入职场之后还这么做，很容易被当成不成熟、不值得信任与交往的对象。

职场中最重要的关系必然是员工与领导的关系。领导说话往往不会直言不讳，你如果只听表面意思，理解不到言外之意，犯错就在所难免了。

某公司的员工李子燕，因为喜欢熬夜和泡吧，连续三天迟到。这天领导又在走廊碰见匆匆忙忙赶来、边吃早点边打卡的她，便说："李子燕啊，路上是不是堵车？条件允许的话不妨搬到公司附近住，有困难的话可以跟我们反映……"

这些话听着像是领导对员工的关心，但聪明的李子燕却听出了领导的不满，她知道自己错了，面对领导长达半个小时的言语"呵护"，硬是没有表现出任何不耐烦。领导气顺了，此后她准点起床、上班，领导也就没说什么了，彼此关系倒也融洽。

李子燕因为听懂了领导的言外之意，不仅不再迟到了，工作上也更加努力，业绩上升得很快。

她的改变领导看在眼里。一天领导单独找她谈话："小李啊，你最近表现挺不错的，每个月的业绩也不错，在公司也很勤快。现在你们部门主管的位置空出来了，我想找一个有能力的人接替。"紧接着领导话锋一转，"只是你们部门结构混乱，你觉得需不需要调整一下？"

从前半段话可以看出，领导对李子燕是很看重的，但考验却在后半句。李子燕到底年轻，只随口回了一句："我觉得现在挺好的。"

领导："你觉得很好吗？没事了，你出去吧。"

接下来，又有一个同事被领导叫进去单独谈话，出来后不到一周便成了她们部门的新主管。直到这个时候，李子燕才明白自己错失了一个怎样的机会。她懊恼不已：当时自己怎么就没有明白领导的真实意图呢？

那么，一个人的话语中，一般会有哪些言外之意呢？

第一，表达某种态度。"你是不是住得远？"言下之意：你迟到是有问题的。言语都是有态度的，只是很多时候我们并没有注意这一点。所以，识别对方的态度是了解其言外之意的一个重要途径。

第二，期待一个回答。"你觉得你们部门结构乱吗？"言下之意：乱，你有什么建议。在职场中我们与一个人交流的时候，如果发现事实和道理都很清楚，但是对方还要询问你，就应该明白，对方需要的是一个有建设性的建议，而不是一个含混、随意的回答。

2. 做善良的人，给人予体面

生活中总有一些姑娘，凭借耿直的人设，说话丝毫不懂体谅别人。你问她这条裙子好不好看，她会告诉你："你很胖，不适合这么穿"而高情商的人则会委婉地说："颜色很漂亮，很适合你，但如果是V领可能会更突显你的气质。"

其实这些姑娘不是太过耿直，而是不够善良，不愿意考虑别

LESSON 3
品格，决定你前路的长度

人的心理感受，做不到设身处地，缺乏对他人情绪的感知能力。

作为主持人，何炅的高情商可以说是有口皆碑。每一个与他交谈的人，即使出现失误，何炅都能帮你保有体面，让你如沐春风。

记得在综艺节目《幻乐之城》中，韩雪演唱了一首《焚心似火》。演出现场采用了全息投影技术，但却出现了穿帮。即使歌声十分动听，但韩雪还是因为穿帮事故忍不住哭了。何炅及时说："刚才被感动的观众，请举起你们的左手；刚才我们的工作人员有一点穿帮，看到了的请举右手；如果大家觉得这个穿帮不影响你对这部作品的看法，并百分百支持韩雪的请鼓掌。"全场响起一片热烈的掌声。韩雪感激地看着何炅，并擦干眼泪向鼓励她的观众鞠躬致谢。

良言一句寒冬暖。很多姑娘之所以没有高情商，是因为格局小，不会为别人着想，不懂得给别人体面。

但你如何对待这个世界，世界就会如何对待你。

我采访过一个学问渊博、性格温和的中文教授。我发现她有个美好的小习惯，即不管对方说了多么幼稚的话，她都会很诚恳地说"对，你说得真好"，并认真地指出你这个话中可以成立的点，然后延展开去，讲出她自己的看法。

一个学问渊博的人肯定了你，你一定受宠若惊；而当她把你的意见上升到与她平等交流的高度，你会感觉自己也很厉害。由此看来，当你要表达什么的时候，要学会先肯定对方，再讲自己的意见，沟通氛围会好很多。

《英国人的言行潜规则》里专门讲了这一条:"如果你想炫耀自己的成功,一定要附送你的糗事,以化解你的成功给别人带来的尴尬,同时预防嫉妒。"如果你一定要讲"我买了个三万元的包包",请加上"刚背出门,朋友问我这山寨包做得挺像啊,得一两千元吧";如果你一定要讲"我家买了个大别墅",请加上"我这个土鳖给楼梯上了蜡,刚搬进去就摔了个狗吃屎"让看热闹的人在你的自嘲中哈哈一笑,你想炫耀的内容就不是焦点了。

耐心倾听,被人信赖值得骄傲

三个女人一台戏。一群女人在一起,必然会有滔滔不绝的话可以说。这种情况下,你如果在场,尽量不要当主角,而是要耐心地听。这种听是一种修养,尤其是在面对一些无关轻重或可能成为谣言的话题时,微笑倾听是最明智的选择。

LESSON 3
品格，决定你前路的长度

❀ 雅娴私房说 ❀

伏尔泰说过：耳朵是通往心灵的路。沟通是双向的，高情商会共情的人，除了会说话，还应该会倾听。其实我们思考一下就会发现，每个人在和别人交流的时候，在表达自我上的愿望确实比倾听对方要强烈。

我们常遇到这两种情况：一是听别人倾诉与自己关系不大的内容，这需要有共情与体谅之心才能听下去；二是听别人发表自己不赞成的意见，甚至是反对自己的言谈，这时的倾听更体现出一个人的涵养和素质。

当对方在讲述时，如果你急吼吼地插话说"听我说"，是很没礼貌的表现。而当说话的人看到你倾听时诚挚的目光，看到你诚恳地点头认同，相信这是你们心与心最接近的时候。

1. 受欢迎的人都不爱表现自己

细数自己的社交圈，你会发现受欢迎的往往不是那些夸夸其谈、自吹自擂的人，而是那些善于倾听他人、尊重他人的人。

那些喋喋不休只乐于述说自己以往经历的人，往往都自大心盲，缺少对他人真挚的关心与了解。

合格的倾听者要有耐心，要愿意感同身受地体味说话人当时的悲喜。人们往往习惯了社交场合的觥筹交错，却容易忘记倾听对方内心最深处的声音。能成为一名合格的倾听者，你便成功了一半。

主持人董卿就是一个善于倾听的人。

在公益节目《开学第一课》中，董卿采访了我国著名翻译家许渊冲老先生。

如果按惯例，董卿会站着采访，但如此一来，坐在轮椅上的许老先生需要抬头仰视她。为了照顾坐在轮椅上的老人，也为了表达对许老的尊重，董卿选择走近许老的身旁，用半蹲跪下的姿势倾听许老讲自己的故事。

可能许多人都没有听过许渊冲老先生的名字，但是他翻译的作品你一定看过，其中包括《诗经》《楚辞》《李白诗选》《西厢记》《红与黑》《包法利夫人》等。

当九十六岁高龄的许渊冲老先生讲到自己仍然每天坚持工作至凌晨三四点时，他还念出了这首诗："夜里做事，这是我偷英国诗人托马斯·摩尔的 The best of all ways to lengthen our days is to steal some hours from the night（延长白天最好的办法，就是从夜晚偷时间）……"

董卿眼里流露出关切与敬重，她并不急于打断老人的讲话，用心倾听的同时，还恰到好处地谦卑地点头。直到许老先生说完，董卿才总结说："您这是熬夜。"没说出来的意思是：这样不好。

现场观众都深有同感地发出了笑声，整个过程令人感到舒

LESSON 3
品格，决定你前路的长度

服又自在。

要想了解对方言语之外的丰富含义，仅仅认真听对方说话是不够的，还要建立一种"双核"思维，既要听对方说了什么内容，又要感受对方的话语背后隐藏的情绪和情感。

2. 倾听是对人的尊重

无论是日常生活还是工作学习，我们都需要与别人沟通。良好的沟通是由"听"与"说"两部分组成的，可是多数女性的表达欲望总是比倾听欲望更强烈。我一个在电台情感倾诉节目工作的朋友告诉我 一个数据：在最近的20年里，他们电台接到的女性倾诉电话占接听总数的95%。

是的，多数人都更关心自己的情绪，比起倾听欲，我们都更有倾诉欲，希望自己被关注、被理解，而愿意倾听的人就更显得难能可贵。

我见过不少姑娘口齿伶俐，长的也漂亮，但是每次和同事开会讨论问题，或到别人发言时，她们总是会控制不住表达的欲望打断人家说"不行，你这样不可以""打断一下，我认为……"偶尔一两次也就罢了，但是经常这样就很令人反感。老是打断别人的话，即使语气再客气也是一种缺乏教养、对别人不尊重的行为。

米莉大学毕业后在一家服装公司实习，实习结束后她的女上司很想她留下来工作。但米莉认为这家公司虽然目前可以，但公司依靠家族兄弟姐妹的管理有一些问题，不是适合自己长远发展的公司,于是向女上司递交了辞职信。

女上司接过辞职信,劈头盖脸就质问:"有公司出了比我们高的薪水挖你了,是吗?""辞职信我不看了,如果留下来可以考虑给你做服装设计的资格!"整整半个小时的会话女上司除了质问,就是侃侃而谈什么年轻人不要太浮躁、是我给你发光的机会的这一类话,米莉几乎没有说话的机会。

米莉真实离开的原因在嘴边转啊转啊,却一直没有机会说出来,最后米莉只有机会说出一句给大家台阶的话:谢谢领导的厚爱,我回去会再考虑一下的。

这位女上司如果尊重米莉,耐心聆听,她也许能找到米莉想离开的原因,说不定有机会说服米莉留下来。很可惜,她的表现使米莉更坚定了要走的决心。

"打断一下这件事我不这么认为""这没什么,不值得那么郁闷""这事简单,我建议你这么做""我希望你这样做"……通常你听到这些话时,是不是只想尽快结束对话?他们可能真心想帮你解决问题,这种带着优越感的口吻,给人感觉到的是他们溢出屏幕的表达欲望和对人的不尊重。如果你不喜欢这样的人,请你也一定不要这样做,己所不欲,勿施于人。

我的阿姨是一家酒店的前台经理,她的闺蜜是一位很有声望的女领导,某医院的院长,是一位活得很自信的成功女性。平时了解中,大家总觉得这位医生好强、自我,她不苟言笑,周末与周三几乎雷打不动去健身,与同仁打交道也只谈工作不谈生活……总之,种种现象显示她是个不太好接近的人。

LESSON 3
品格，决定你前路的长度

十年前很偶然的机会，这位院长入住我阿姨工作的酒店，恰好是我阿姨接待她的。在给她送餐时，阿姨出于女性的细心，给她准备了没有辣椒的食物，她吃惊地问阿姨："我并没有说不要辣椒，你怎么知道我不吃辣？"

阿姨笑着回答："你的皮肤没有一点痘痕，身材也管理得很好，一看就是饮食清淡的人呀。"

也许是在陌生人面前更容易放松自己，不知不觉中她给阿姨竟然说了很多她自己的故事。曾经遭遇丈夫的冷暴力，丈夫会趁她出差殴打女儿，结束婚姻后开始跟女儿生活。她说这些的时候，阿姨只是默默地听着，让她非常感动。

美国心理学家卡尔·罗杰斯说过："如果有人倾听你，不对你品头论足，也不想改变你，这多么美好。"

学会倾听，你才能了解别人内心在想什么，才能理解别人的观点和看法，成为一个有共情能力，能真正赢得别人信任的人。

好好听别人说话，不去表现自己，愿你我都可以成为这样美好的人。

3. 用倾听使谣言止步

有个成语叫众口铄金，意思是一件事情明明是假的，但如果说的人多了就成了事实。这个时候多一点耐心，倾听就会成为让谣言止步的不二方法。

肖敏和老公的婚姻在外人看来是不够般配的。她长相普通，学历一般，老公却很帅气，是硕士毕业，还是事业有成的食品公司的董事长。

那天，是她和老公结婚八周年的纪念日，肖敏换上新买的真丝连衣裙，准备了一桌饭菜，还特别拿出了一瓶收藏了十年的酒，打算和老公度过一个浪漫的夜晚。

等老公回来的时候，她的手机"叮咚"一声响，是她姐姐发来的一条微信，打开一看，是自己丈夫在珠宝店和一个年轻女性买珠宝的照片，她感觉浑身的血液都涌到了头顶。

接着她姐姐又发来一条微信：男人永远喜欢二十岁的姑娘，尤其事业有成的男人，你可要长点心。

随即，肖敏姐姐的电话就打了过来：妹夫昨天带着别的女人去珠宝店了，买了最新款的铂金项链。我朋友是那个珠宝店的服务员，她认识妹夫，就偷偷拍了照片发给我了！这事儿咱不能就这样算了……

"我知道了，这事我会自己处理！"肖敏等姐姐说完，挂了电话。

质问、指责甚至想爆粗口，千言万语一下子都涌到了嘴边，她颤抖着手拨通了老公的电话。就在她想要说什么的时候，老公欢快的声音传了过来："老婆，别催了，我马上就到家了！"

肖敏最终什么也没说，只是叮嘱老公开车慢点，就挂了电话。

就在肖敏发怔的工夫，她妈妈的电话就打过来了："敏敏

LESSON 3
品格，决定你前路的长度

啊，我刚才听你姐说了……这男人有俩钱花花肠子就露出来了，你要赶紧做打算，把钱抓到自己手里保险……"

"妈，你别听风就是雨的，我自己心里有数！"肖敏挂了妈妈的电话，就在心越来越冰冷的时候，她听到了老公用钥匙开门的声音。

老公进屋后，拿出藏在身后的大捧郁金香送给肖敏，还给了她深情的拥抱说："老婆，纪念日快乐，希望我们到七十岁时也要这么快乐！"

肖敏喜欢的花是郁金香，老公没记错，这一点让肖敏忽然就安心了不少。于是暂时压下了想要盘问的念头，坐在了餐桌旁，如常地招呼老公吃饭。

吃饭的时候，老公大概是因为多喝了两杯，他的话比平时多：谢谢你做了我的妻子，陪我熬过了最苦的日子。我那时候食品厂亏本，胃溃疡住院，是你陪我走过了最艰难的日子，咱们刚结婚那会儿，我们住在租住的地下室里，你都没有怨言……

肖敏心里也是百感交集，她和老公是苦日子过来的，现在日子好了，他真的有了外心了吗？犹豫了一会儿，肖敏打消了心间的念头，只说："我还担心你忙得忘记今天的日子。"

"老婆，不会忘记的，这是我们的纪念日，对我很重要。""我还给你准备了神秘礼物！"酒意微醺，老公从包里拿出了精致的礼品盒，从盒子里取出一根铂金项链，帮肖敏戴在了脖子上说："我有个大客户是设计师，我想品位一定比我这个老爷们好,昨天特意让她陪我挑选的,你看看喜不喜欢!"

盘旋在肖敏心头的乌云,刹那间就烟消云散了。肖敏甚至有点后怕,如果自己不分青红皂白地质问老公,或者干脆大动干戈地闹一场,破坏了节日气氛不说,说不定还会给夫妻感情留下难以弥补的嫌隙。

肖敏在这件事上,幸好保持了自己的理性和冷静,用倾听让谣言止步了。因为有时候眼睛看到的也未必就是真的,肖敏如果不具备独立思考的能力,遇到事情就轻信别人的话,后果就可想而知了。

LESSON 3
品格，决定你前路的长度

边界感，是衡量人品的尺度

每个人都是独立的个体，哪怕你们的关系再好，也不应该过度介入别人的生活。好的友情，并不一定要"不分你我"，反而要分清你是你、我是我。

雅娴私房说

你有没有那种好朋友：什么都可以汇报，什么都可以分享，连和男朋友约会看电影都可以带着她去？

如果有，那说明你的边界感很糟糕。

1. 一切关系都有不可超越的最后界限

武志红说过："一段关系中缺乏边界，就会陷入共生关系，会觉得'我的就是你的，你的就是我的'。"

电影《七月与安生》里，两位密友为什么最后会反目？这是电影带给我们的一个思考。

七月与安生自小相识，兴趣相投，又都是独生子女，感情在玩耍中日益加深。

由于安生自来熟的性格和特殊的家庭状况，在七月家蹭吃蹭喝便成了常事。七月喜欢有安生做伴，安生也从来不把自己当外人。

安生看似大大咧咧没心没肺，其实很会察言观色讨人欢心；七月老实本分无私分享，但女孩子看到闺蜜比自己更讨人喜爱，其实是心存嫉妒的。只是她把这些都掩饰得很好，也珍惜彼此之间的感情，刻意地不去在意而已。

但不在意不等于问题不存在。女孩们长大了，因为共同的喜好太多，最终连喜欢男人的品位也一样。交往越深，嫌隙也越深。而由于七月珍惜友情，包容安生的一切，安生便越来越肆无忌惮。她缺失的东西太多，就像一个濒临窒息的人想抓住一切能给她生机的氧气——连七月最爱的人她也想拥有。

不懂边界感重要性的七月，终于亲手将男友拱手送给了安生。电影中有一句台词总结得很精准："我最喜欢的人，都在一起了。"从两人最后撕心裂肺的情绪便可看出，其实那些不满由来已久，最终爆发。

其实闺蜜之间如果没有清晰的边界感，对彼此的生活渗透太深的话，并不利于感情的长期发展。

周国平在《人与永恒》中说："一切都有不可超越的最后界限，这界限是不清晰的，然而又是确定的，一切麻烦和冲

LESSON 3
品格，决定你前路的长度

突，都起于无意中想突破这界限。"

因此，无论关系多亲密都要保持适当的距离感，哪怕你们是最好的朋友、最亲的亲人，也应该保持一定的界限，给彼此留出一定的空间。

2. 即使是亲密爱人，边界领地也得划分

举个我自己的小例子吧。有一天周末，我开心地等着快要出锅的羊排，老公却忽然把一条微信放到我眼前，是他姐姐发来的：你们不准备再要一个吗？你们俩经济条件允许，又都还年轻。我们这月子中心最近都是中年二胎……

这自然是某人有心要给我看，我也不会直接说不。

我委婉地说："随缘吧，记得谢谢大姐。"这个问题去年过年的时候已经提过一次，家里长辈拐着弯想要我生二胎。

我，自然是委婉拒绝。

因为在我看来，我并不年轻了——四十岁，这是我的黄金年龄，因为对比二十岁、三十岁时不知道自己要什么，这个时候的我清晰地知道我要的生活和二胎没有关系。与爱人之间也是经过曾经吵吵闹闹的耳鬓厮磨到了如今有商有量、各自舒服的状态。

他和朋友聚会我不会打电话催；我出差五天、十天，他也不会疑神疑鬼。我们各自有自己的空间，亲密有间、不卑不亢。这不是冷漠，是婚姻正好舒适的边界。

每个家庭的边界感不一样，但有一点是一样的，就是在你

不认可的某个价值观面前，一定不要顺从成习惯。不顺从，也不需要争吵，而是换一种温和的不伤害人的方式来表达自己的观点。

电影《万箭穿心》可以说是我近年来看过最好的国产电影，故事女主人公李宝莉是一个脾气火爆、学历不高、牙尖嘴利的女人，在武汉的汉正街批发市场卖袜子，一开口就是"婊子养的"，但她嫁给了一个有文化的男人，某单位的中层干部名叫马学武。马学武老实懦弱，是典型的妻管严。

单位给马学武分了个房，但从他们搬进新家的第一天起，生活就开始不大太平了。搬家那天工人临时加价，李宝莉和搬运工当街大吵起来，抬头向楼上的丈夫马学武求助时，马学武立马把头缩了回去。

搬运工干完活，马学武为了感谢搬运工，给他们发烟，并让儿子去买汽水。这原本是人之常情，但李宝莉却在众人面前怒骂丈夫乱花钱、假大方，丈夫、儿子既无奈又害怕，都默不作声地离她远远地待着。一个没有边界，不懂得尊重家人的女人形象在这些细节里展示得淋漓尽致。这样的家庭注定是不会幸福的。

李宝莉在任何事情上面都要斗一斗、争一争的结果是，马学武终于忍耐不了了，提出了离婚，然后无家可归，最后出轨。

李宝莉做了一件让马学武在单位再也待不下的事情，她给丈夫的单位打电话举报有人卖淫嫖娼，她以为只要让丈夫出了丑，自己这辈子就能一直紧紧地抓牢他。

LESSON 3
品格，决定你前路的长度

可恰恰是她这过了头的聪明，几乎要了马学武的半条命。俗话说，伤敌一千，也得自损八百，更何况是荣辱与共的夫妻关系。当东窗事发，马学武被迫下岗，得知竟然是妻子举报自己的时候，顿感人生绝望，跳江自杀了。

李宝莉的悲剧就源于不会处理与丈夫之间的感情问题。她丝毫不认为自己管控马学武是错误的。李宝莉一直活得没有自我，说到底，李宝莉对丈夫和家庭强烈控制欲的背后，其实是独立意识的缺失。无论是在小说还是影片中，李宝莉是个为家庭而活的人。她没有自己的兴趣爱好，也没有自己的生活，一天到晚只是围着丈夫和孩子转，将马学武作为全部的生活重心。

她最后也没有明白，所有悲剧的发生都是因为她逾越了丈夫需要的边界感，她唯一的朋友小景一针见血地说过："他走到这般地步都是你逼出来的。"生活中我们也经常会听到类似这样的话："我对你这么好，你居然这么对我""我为这个家付出了这么多，说你两句还不可以吗？"

表面看上去，是说话的一方在这段关系中付出得更多，而另一方是不愿意付出的那一个。细想一下就会发现，实际上，说话的人才是那个没有边界感的索取者。这句话的潜台词是控制欲的体现——我对你这么好，为你做了这么多，你就必须对我好。

所以夫妻双方必须要学习的一个功课是：我们首先都是被尊重的独立个体，也必须尊重彼此的边界感。无论在事业上还是家庭责任上，都需要给彼此一些冷静和独立的空间，找到双方都舒适的距离，才可以爱得长久。

就像纪伯伦诗歌里描绘的：不管你们多么相依相伴，彼此之间都要留出间隙，让回旋在空中的风在间隙中舞动。我们互相独立却又彼此相依，始终心怀感激，心存敬意。

3. 设定好心理边界的宽度，并且学会守护它

"心理边界"这个词最早是由心理学家埃内斯特·哈曼特提出的。他说："如果自我是一座古堡，那么心理边界强度便是古堡外的一圈护城河。"

当然，护城河的宽度由你自己设定。有的人设置得窄一点，她就看上去不那么好相处；有的人设置得宽一些，她自己的领地就小，就会显得温暖、随和。

有的女人，无论在家还是出门在外，老公都对她呵护有加，为什么？因为她从一开始就把握好了边界感，不为任何人动摇它，因而生活得高贵而从容。

而有的女人，结婚前光彩夺目，结婚后很快从光彩夺目的珍珠变成了干枯的鱼眼睛，就是因为忘记了自己要坚持的边界感，最后在婚姻里成为不敢大声说话的弱者。

主持人谢楠和"战狼"吴京的夫妻关系就呈现出一种美好的边界感，不少人甚至说："有一种爱情叫谢楠和吴京。"

综艺节目《幸福三重奏》里，当节目组问她怎么才能在家庭中获得幸福时，谢楠的回答是："两个人根本上是两个独立

LESSON 3
品格，决定你前路的长度

的个体，要给彼此留空间，有边界感是一件很重要的事情。"

谢楠在和吴京结婚后，从没有放弃事业，还在自己擅长的主持工作之外跨界去尝试参加电视剧的演出。

而吴京作为一个武打型的硬汉艺人，拍打戏免不了要受伤。谢楠会心疼，但更明白这是丈夫的热爱。尽管会心疼吴京身上的伤痛，但她对于吴京的事业自始至终都特别支持。

谢楠说："我希望能够在你很辛苦、很累的时候让你开心，在没有人支持你的时候做唯一支持你的人。"

这样有清晰边界感的夫妻关系，才是真正健康的、美好的关系。愿你的婚姻里始终会有一个人，与你携手，给你空间，并肩前行。

学会欣赏那些比自己优秀的人

有一个很有意思的说法是：你的水平，实际就是与你最亲近的五个朋友的平均水平。

这虽然不至于有多准确，但也不无道理。

你要多低头审视自己，再抬头看看旁边比你优秀的人。越接近什么样的人,你大概就会是什么样的人。而能结交比你更优秀、更厉害的人,在某种程度上就是在提升自己。

雅娴私房说

知乎上有个提问——是不是每个女人心底里都不喜欢比自己优秀的朋友?

上千个答案——是。

"以前也就长得一般,现在那么漂亮,还不是整容了。"

"我工作那么久还没升职,她才来两年就成为中层了,肯定是被领导潜规则了。"

……

LESSON 3
品格，决定你前路的长度

这大概就是人性的弱点，看到比自己更优秀的就容易产生嫉妒。

子曰："三人行必有我师。"

子还曰："见贤思齐焉，见不贤而内自省也。"

看不到别人的优秀其实是一种隐性自卑的表现，因为不知道该如何缩短差距，索性就不肯去承认。

1. 好的友情相互成就，反之反目

说到这里，我想到一个反面例子。

这是著名作家张爱玲和她的一任好姐妹决裂的故事。

这个姐妹叫作潘柳黛，是当时很有才华的一个女作家和报馆编辑，不到二十岁就在上海文坛崛起，是《文友》最红的记者和编辑，与张爱玲同为当时的才女翘楚。

才女间的惺惺相惜和成名要趁早的信念让两人一度走得很近。张爱玲曾盛装招待潘柳黛到自己家里喝下午茶。而请人到家中吃茶，是张爱玲待客的最高礼遇。

但张爱玲是天才少女，后劲更足，在文坛是横扫一片的黑马，自然令潘柳黛失色不少。

起初，这并没影响到两人的友谊。潘柳黛心里有些失落，但没有表现出来，照旧一起逛街、喝茶。

但隐藏在内心的不适还是爆发了。当她在杂志上看见胡兰成一篇文章对张爱玲的"贵族血液"大肆夸赞时，潘柳黛立刻作出了回应。

她以讽刺的文笔发表了《论胡兰成论张爱玲》的文章，把胡兰成不客气地调侃了一番，更是把张爱玲引以为豪的"贵族血液"调侃了一番（胡兰成所说"贵族血液"，是指张爱玲是李鸿章的曾外孙女）。

潘柳黛十分不屑地说，这种关系就好像太平洋里淹死一只老母鸡，上海人吃黄浦江的自来水，却自称是喝到鸡汤的距离一样，是八竿子打不着的亲戚关系。如果以之证明身世高贵，那么不久"贵族"二字必不胫而走，连餐馆里都不免会有贵族豆腐、贵族排骨面之类出现。

正巧当时有个大中华咖啡馆改组卖上海点心，就以潘柳黛笔下的"贵族排骨面"上市并贴出海报揽生意。潘柳黛的文章一发表，按现在的说法就是"有梗"，很快就热议不断。

世人都知道张爱玲最得意自己的作品和出身，爱胡兰成曾经低到尘埃里。潘柳黛也果然是厉害之人，把张爱玲的要害一举全损了，从此两人决裂，老死不相往来。

多年后张爱玲到香港，有熟人告诉她，潘柳黛也在香港。张爱玲只回答："谁是潘柳黛，我不认识她。"

《诗经》里说："南有樛木，葛藟累之。乐只君子，福履绥之。"意思就是相互成就的关系才能更持久，反之很快会走到尽头。

山外有山，人外有人，这是不争的事实，只有故步自封的人才会一味地否认别人的优秀。我们要学会合理地经营一段友情，需要意识到，朋友变得更加优秀、生活得更好时，作为朋

LESSON 3
品格，决定你前路的长度

友的自己，更多的应该是祝福，是努力向朋友的方向看齐。

风摇一行诗，花间一壶酒，雪落拨琴弦。世间一切美好，都是源自心灵的美好。

2. 高质量的友情来自互相欣赏

当你能坦然欣赏朋友的优点，并会发自内心祝福朋友过得比你好时，恭喜你，打通了任督二脉，因为你心胸的宽广度可以放风筝了，这是你向更优秀的自己迈出步伐的开始。

同样是民国姐妹情，林徽因和费慰梅的友情就是一段互相肯定、一直到老的高质量友谊。

也许是林徽因异性缘太好，林徽因的女人缘平平，费慰梅是林徽因唯一的同性知己。费慰梅是那个年代非常优秀的女性，出生于美国，毕业于哈佛大学和麻省理工学院。她的父亲是哈佛大学的教授，按中国的说法也是书香门第、名门之后。

1932年，费慰梅独自一人来到中国。她的未婚夫费正清在北平等她，介绍她和好友梁思成、林徽因相识。

林徽因的"太太客厅"大家都知道。一次偶然的客厅沙龙聚会，见费慰梅与费正清来了，林徽因便用英语与他们交流，这让费氏夫妇没有了隔阂感和陌生感。费慰梅甚至赞叹林徽因的英语天分，她从来没见过一个中国人英语说得这么流利，比她说自己的母语还厉害。

费氏夫妻二人的名字就是由梁思成根据他们英文名字的译音所起。从此，梁思成和林徽因的家——北平的北总布胡同3

号，成了费氏夫妇经常光顾的地方。

费慰梅也说："毫无疑问，若不是有着这样的语言媒介，我们的友情是不会如此深刻、如此长久的。"

她们的相知还因为"费慰梅是西方人"这个事实。林徽因曾经跟她在宾夕法尼亚大学的同学比林斯说过："在中国，一个女孩子的价值完全取决于她的家庭。而在美国，有一种我所喜欢的民主精神。"

费慰梅任重庆美国大使馆文化参赞的时候，住在重庆的一个有些年代的建筑里，林徽因一进屋子就开心地赞叹："我像是走进了一本杂志！"

这是一个热爱建筑的女人发自内心的喜爱，也是对朋友能住在这个像杂志一样的屋子感同身受的雀跃。尽管那个时候，她在重庆的住处是一个简陋的小屋。

房子、家居布置都是林徽因的兴趣点，所以与费慰梅讨论起这些来总是不知疲惫。

费慰梅会带着林徽因学骑马，去学一些林徽因平常不触及的领域。她晚年回忆那段时光："我常在傍晚时分骑着自行车或坐人力车到梁家，穿过内院去找徽因，我们在客厅一个舒适的角落坐下，泡上两杯热茶后，就迫不及待地把那些为对方保留的故事一股脑倒出来……"

林徽因也在给费慰梅的信中这样写道："我在双重文化养育下长大，不容否认，双重文化的滋养对我不可或缺，是你和今秋初冬那些野餐、骑马，使我的整个世界焕然一新。"

LESSON 3
品格，决定你前路的长度

这段友情有个最显著的特点是，费慰梅始终认为林徽因是个单纯的人，即使她比自己在人群中更耀眼，她也不介意。她夸赞过林徽因的品性和交流的天分，由衷认定这是林徽因的人格魅力。

2002年，费慰梅在美国去世。据说她的告别仪式上还有林徽因的一首诗。这段友情支撑了她一辈子，尽管林徽因过早离世，她隔着千山万水，却一直念念不忘。

莫洛亚在《论友谊》里说：友谊是自由选择的、补充的家庭。我们和谁成为朋友，都是基于精神认同的自由意志。友情跟爱情相差无几，精神层面的"门当户对"实在太不可或缺。

所以一段高质量牢靠的友谊，总是发生在两个优秀的、人格独立的人之间的。

3. 学会与比你优秀的朋友共处

下面是我朋友圈里发生的一个真实的故事。

小柳和梦思都算是我的读者，她们是好朋友，在一个读书分享会上我认识了她们。小柳在一家劳保公司做市场专员，梦思在一家旅行社工作。

她们都属于心中还有自己"诗和远方"的女孩，会一起来听我的讲座，也会一起去打卡喜欢的城市。

因为新冠肺炎疫情的影响，劳保公司的其他生意一落千丈，但是一次性口罩和手套忽然好卖得不得了。聪明的小柳抓住了这个商机，很快就托人找到卫生部门办好生产许可证，租了厂房，买了设备，办了工厂，开始生产口罩。

上半年因为控制疫情的需要，政府开放了各种绿色通道，口罩一上市就供不应求，但小柳本着"不违背良心"的原则，坚持不恶意加价。熟悉她的人、不熟悉她的人纷纷通过关系找到她买口罩，口罩订单如雪花般飘来，薄利多销下来，也是挣得盆满钵满。

一天，小柳发了条朋友圈分享自己的喜悦：从没想过今年会是自己的好运之年，口罩订单多得做不过来！

我们自然是为小柳开心。这不仅是运气，还是小柳眼光准、有魄力的回报。

结果梦思评论说：发国难财？口罩涨得比肉贵啊。

小柳解释自己是良心商家没加价。

梦思还是说了一句让人不舒服的话，虽然是秒删但小柳看到了。小柳一气之下直接问她：你是不是不想看到朋友过得好？

梦思没有回复，私下却问我：曾老师，其实我不是有心要那么说她，就是心里嫉妒。

我回复她说：这是心理落差。你是不是最近遇到不顺心的事了？

梦思沉默了一会儿回复：我可能要失业了。我们那条街的旅行社关了一半。

我回复：好姑娘，别因为自己的心情不好把一段珍贵的友情毁了，一定要去给小柳道歉，说明你目前的状态并肯定她的

LESSON 3
品格，决定你前路的长度

成绩。我相信小柳会原谅你的。

梦思听了我的话，把自己因为今年单位收入减少并在裁员，心里不开心的事告诉了小柳。小柳不仅原谅了她，还告诉梦思如果单位没着落，她一定给她找一份工作。

你看，这是一个内心多么宽容的女人！这不又是小柳的一个优点吗？梦思对小柳多了一份敬佩，并真心为自己之前的言论感到惭愧。

一段好的友情，不是一起在原地踏步，不是相互束缚和将就，而是彼此欣赏，使双方都更加热爱生活，成为更好的自己。

舒畅和刘亦菲在2003年一起出演电视剧《金粉世家》时，因为性格相近而成为好朋友。当时刘亦菲饰演女主角"秀珠"，而舒畅则饰演"八妹"。从那以后，两人的互动一直不断，每年8月25日刘亦菲的生日时，舒畅都会第一时间发微博为刘亦菲庆生。细细数来，这段友谊已经维持了十八年。

这期间，刘亦菲越来越红，而舒畅却渐渐淡出了大家的视线。与某些明星走红了就忘了微时的朋友不同，刘亦菲事业的成功没有拉远两位姑娘的距离。舒畅总会在刘亦菲取得成绩的时候第一时间祝贺；会在刘亦菲扎进深山老林拍戏时探班；也会在有人质疑刘亦菲的成绩时，坚定地站在刘亦菲身旁鼓励她。刘亦菲说自己家中永远会空出一个专门为舒畅准备的房间。

好的友情就是这样吧，虽然不会无时无刻黏在一起，但总会在对方最需要的时候挺身而出。正是这份相互的尊重与肯定，让两个人的相知相伴可以长久。

这种神仙友情简直太令人羡慕了。

"我成功，她不嫉妒；我萎靡，她不轻视，人生得一知己足矣。"这大概就是友情最好的模样了。

有一个很有意思的说法是：你的水平，实际就是与你最亲近的五个朋友的平均水平。

你要多低头审视自己，再抬头看看旁边比你优秀的人，越接近什么样的人，你大概就会是什么样的人。

而能结交比你更优秀、更厉害的人，在某种程度上就是在成为更好的自己。

古人说："云映日而成霞，泉挂岩而成瀑，所托者异，而名亦因之。此友道之所以可贵也。"意思是，凡事都是相互成就的。物与物之间尚且如此，人与人之间的关系更是一样。

LESSON 4
情感，女人一生的必修课

写给女人的醒脑书

爱情从来都是去选择，而不是被选择

握不住的沙，不如扬了它；走不通的路，不如及时回头；爱而不得的人，就要适可而止，千万别把一厢情愿当成满腔孤勇。

雅娴私房说

"我会等你，等你回来。

只不过，这真的需要我苦苦地等待。

等到那阴雨缠绵，勾起忧伤满怀。"

西蒙诺夫的这首诗，恰如其分地描写了爱情等待者们左右徘徊、四处张望的神态。

"我会等你"这是一句听上去让多少人刻骨铭心的爱情絮语，殊不知，这句话也是让他们画地为牢的囚笼，直到岁月空空，徒留伤怀。

LESSON 4
情感，女人一生的必修课

林青霞是我心中的女神，多少年过去了，尽管韶华不再，但她每一次出现依然是光彩照人，有大家风范。

那一年，林青霞十八岁，刚刚高中毕业便主演了经典爱情片《窗外》。在试镜的现场，青涩的林青霞第一次见到当时无数少女的偶像秦汉。即使时间过去二十多年了，她依然记得当时秦汉穿着一件白衬衫，一条黑色西装裤，头发长长的，脸上带着若有若无的忧郁气质。

"从那时起，我的一辈子就陷下去了。"很多年后，林青霞如是说。

《窗外》讲述的是一个情窦初开的女学生爱上老师的故事，而故事之外，初涉影坛的林青霞也抑制不住地爱上了秦汉。

初次拍戏的林青霞手足无措，经常忘词。与她演对手戏的秦汉则是耐心温柔地指导，还在拍戏间隙拉着林青霞一起打篮球，锻炼身体。

《窗外》上映后爆红，秦汉与林青霞也成为当时最炙手可热的"荧屏情侣"。屏幕内外两个人都是脉脉含情，

可惜的是，当时的秦汉已有妻子邵乔茵。林青霞选择到美国游历，或许正是想远离这种剪不断理还乱的感情。人在年轻的时候，总是会有一些对于爱情的茫然，关乎选择与等待。

那时候的林青霞明媚飞扬，爱慕她的人何止秦汉一个。与她合作过《我是一片云》的秦祥林也为眼前这个眼睛会说话的女孩痴迷。为了她，秦祥林义无反顾地追到了美国。

许是异国他乡容易滋生浪漫，又许是秦祥林的关怀备至慰藉了身处异乡的林青霞，她答应了秦祥林的追求。

但不爱就是不爱，林青霞无法骗自己。经过挣扎思考，多年后她与秦祥林的感情终于画上了句号，而此时的秦汉也办理了与邵乔茵的离婚手续。

兜兜转转十多年，他们终于正大光明地在一起了。

《滚滚红尘》是他们二人合作的又一部经典电影，这部电影让她拿到了金马奖最佳女主角。那时候她喜不自胜地说道："他（秦汉）是我心目中的男主角，我们一起演了十八年的戏，还没有演完，还不知道要演多少年呢。"

有记者问她什么时候结婚，林青霞却只是淡淡地说："他不开口，总不能叫我一个女孩子先向他求婚吧。"

这个时候她心里的期待不言而喻。她等待的不就是心爱的那个人的一句承诺、一纸婚书么？

可秦汉却始终不开口。

"我在香港拍了十多年的戏，1984～1994年，我每天都感觉自己好像在一个荒岛上一样，觉得好孤独、好寂寞。我很想

LESSON 4
情感，女人一生的必修课

要有一个港口，有一个家。"

对记者说出这句话后不久，林青霞不再等待。1994年的一天，林青霞与香港富商邢李源在旧金山举行婚礼。在婚宴现场，林青霞拿着酒杯满场飞转，笑意盈盈地和亲朋好友们举杯，完全没有外界预料的那般落寞。

聪明如她，不爱了，不等了，放手了。

这一次，她主动了一回，选择了一个属于自己的情感归宿。

那位邢先生虽然看起来没有秦汉那么帅，但是却懂她，理解她要的是一个可以安心的家。一个历经了情感波澜的女人所需要的不就是这份呵护吗？

所以如今的她，早已释然。年轻时轰轰烈烈的故事早已随风而逝，如今的林青霞想要有个家庭。冬天窗外寒风凛冽的时候，她可以在温暖的客厅给孩子们讲故事；春光明媚的时候，她可以带着家人踏青远游，自由自在地为自己而活。回归生活、回归家庭，从此岁月静好，现世安稳。

女人在年轻时对爱情总是有依赖的，在二十几岁没有学会控制欲望之前，美丽如林青霞也会患得患失。但当熬过了最艰难的岁月，有的女人就会蜕变成蝶，不再惧怕年龄，不再患得患失，反倒活出了更清澈的模样。

那些过了三十、四十岁还能保有天真眼神的女人，就是这样一群女人。

她们吃过爱情的苦，也经历过生活的暗淡，但凭着一股

写给女人的醒脑书

不妥协的劲头，终于把自己摆在了最舒适的位置，对生活给予的一切温柔消化，也清楚地知道自己需要什么、可以选择什么了。

浓墨重彩之后，林青霞需要的是宁静的归宿，所以兜兜转转之后，她终于选择了他，也给了自己尘埃落定的快乐。

为什么举林青霞的例子？看她不紧不慢地过着热气腾腾的生活，看她用温情的文字记录着以往的人与事，岁月添至，她骨子里头的优雅不减反增。我爱年轻时林青霞清澈的眼神，爱她扮演的每一个角色；但是我更爱优雅从容面对岁月的她，喜爱的同时更增加了敬佩。她美好得如同深巷里的陈年好酒，让人喝上一口便不自觉地沉醉。

这种美是对现状满意的从容，是当华美的叶片落尽、生命的脉络才历历可见的淡然处之。怎样看都让人舒服是一个女人最高级的美，无关年龄。

一段亲密关系里，最重要的是一种选择的自由。爱是你愿意把他带进你的王国，去看各种风景，去探索各种不期而遇的美好。

但是，当你感受不到对未来的希望，甚至感觉在彼此消耗的时候，你也应该主动选择转身离开。

这就是一个成熟女人该有的爱情态度。

放手比牵手更需要勇气

吴姑娘这次终于跟纠缠了六年的男朋友分手了，我为她长

LESSON 4
情感，女人一生的必修课

长地松了口气。

这六年里，吴姑娘至少想分手想了不下十次，但最后总是以相同的理由原谅了他。

然而问题存在，就是隐患。吴姑娘想结婚，男方说事业还差一点；吴姑娘想要孩子，男方打死不要；男方想留在北京，吴姑娘的目标是去上海；吴姑娘想创业，男方却坚持领安稳的工资……

这次为什么决定分手？

她对我解释："以前觉得实在不想再去认识一个新的对象。一想到遇到喜欢的人又得经历一番你来我往的试探，而且好不容易在一起了以后，如果还不如这个怎么办？"

这也是不少姑娘懒得分手的原因，毕竟恋爱有风险，谁也不能担保下一个男友是更渣还是更好。

是的，没人能够保证对的人一定会在将来的某个时间出现。可是，身边的男人如果千真万确是错的人，和他在一起你只会变成自己讨厌的人。

爱河有边，回头有岸。只有赶紧离开错的人，才可能有新的开始。

那天在超市，我碰见了许久未见的初中同学晓彤。初见她时，我很难将眼前这个长发飘飘、气质甜美的姑娘和从前那个平凡的短发女孩联系起来。

一番寒暄之后，我才知道，她并没有和当年的男友走到一起。她与前任青梅竹马，读同一所高中、同一个城市的大学，但随着岁月的流逝，两人的心却越走越远。但晓彤坚信青梅竹马的感情是纯粹的，她不愿放弃。

那时候晓彤是个性格执拗的女孩，生活圈子也小，每天就是上下班，即使察觉出两人的共同语言越来越少，对方越来越忙，一周一个微信视频都简短到两分钟可以结束，晓彤却依旧如鸵鸟一般选择视而不见。直到有一天这个男人远赴新加坡工作，机场送别，男人说两地这么远，如果有合适的就不要等了，也欢迎她去新加坡玩。傻傻的姑娘听不出话外之音是分手，或者说她不想去相信，此后一直蹉跎岁月，亦无心开始新的生活。

直到后来她在社交网站看见男孩的结婚照，不仅新娘不是她，她还是最后一个知道消息的人。她崩溃痛哭。

想起看过的一段话："即使我的爱也最终不值得信赖，我希望你因此学会，爱只是成长的外衣，你今天最喜欢的这件，终于也会在某天，不合时宜。"

经此一役，晓彤反倒轻松了，发现原来自己并没有想象中那么爱那个人，而只是偏执。也许她要的就是一个结果。

晓彤请了几天年假出去玩，忽然发现放弃一个等不到的人其实很轻松，好似卸下了一直背负的枷锁一样。忽然她又可以看清眼前久违的美景、美食、友情。

有意思的是，晓彤的一个朋友因为知道她心情不好，发了一个男孩的微信给她说：这个男人单身、优秀，你们加个好友，看看是否有缘分。

晓彤看着对方的微信头像：一片白茫茫中一个男人的背影。

LESSON 4
情感，女人一生的必修课

她觉得顺眼，就加上了。晚上在民宿无聊，她又翻了翻男人的相册。原来这是一个旅行家，那张白色背景的照片是在北极拍的。他一个人走过了五十个国家，会在每个国家留一个背影。

晓彤第一次主动和这个男人聊天，介绍自己并告诉他，他是她心中男友的样子。如果他愿意，可以在旅行结束后来她的城市找她。

正是因为这一次的主动，晓彤把握住了幸福，旅行家第一次遇到这么勇敢又可爱的姑娘，去她在的城市找她了。

见面是聊不完的话题，谈不完的兴趣。晓彤在他的鼓励下学摄影、学做视频，两个人开了一个美学生活馆，生意好的时候在家带学生，生意清淡的时候一起出门旅行、拍照。晓彤也越来越爱自己——遇到对的人就是这样了，半年后他们就水到渠成结婚了。

你看，再痛彻心扉的爱情，再艰难苦涩的等待，只要求而不得，便要及时割舍。

真正的爱情从来都是主动去选择，而不是站在原地被动地让别人选择你。无论是多么撕心裂肺的割舍，多么刻骨铭心的情感，当你抽离出来便会发现，自己曾经的那些执念，也不过如此。

比起两个人的孤独，一个人更舒服

女人要肯定自己的价值，那就是——美不美看薪水，唯工作治百病。

一旦厘清了这个顺序，谁还为前男友痛哭，失恋一百天？没那闲工夫为这些耽误。

LESSON 4
情感，女人一生的必修课

雅娴私房说

在某节目中，周海媚霸气回答观众提问："我五十四岁没结婚怎么了，难道我不活了吗？我活得可高兴了。"

外界强赋予女性多种角色——姐姐、妻子、母亲，这些都要求女性按着各种标准去投入和奉献，唯独忘记了女性首先是她自己。

1. 不将就，是难能可贵的品性

我年少时对都市独立女性的认识，多来自香港 TVB 的电视剧。20 世纪 90 年代初，香港社会的女性自我意识开始觉醒，TVB 电视台制作的《壹号法庭》里的丁柔、唐毓文是"女大检察官"，还有方家琪和程若晖这样的"女大状"。

《鉴证实录》里女法医聂宝言的经典台词"我一直相信命运掌握在自己手里"，今天回头看，依然字字入心，意味深长。

这些独立女性角色之所以深入人心，也和演员的自身经历有关。因为 TVB 很多职场剧的女主角都有高学历，她们就算不踏足演艺圈，本身也是可以独当一面的社会精英。

比如宣萱——帝国理工学院材料工程学学士；郭蔼明——南加州大学机械工程学硕士；陈慧珊——波士顿大学传播学硕士；佘诗曼——瑞士国际酒店管理大学学士。所以我们看这些职场剧并不感到违和，也是因为她们自带知识女性气质的原因。这些女性的现实生活也都过得从容不迫。

宣萱四十九岁,没结婚生子,也从来不介意谈年龄,拍戏、健身、周游世界,脸上的笑容真实、明亮。

李若彤五十多岁,保持健身习惯二十年,今年出了一本描写自己如何保持开朗心境、优美体态的新书——《好好过》,活得元气满满。

佘诗曼四十五岁,也不急着恋爱,记者八卦她时她的回答是工作最要紧,如今身价过亿,却说爱美是她的终身职业。

她们就像亦舒笔下的女郎那样,相信爱情是锦上添花的东西,提升自我、独立聪慧才是最紧要的事。

曾几何时,网络上非常流行这么一句话:"高质量的单身,胜过低质量的恋爱。"从前不觉得,可是如今年岁长了,越是品味这句话,倒是越有一番滋味了。

越发觉得,不将就,是多么难能可贵的一种品性。

霓虹城市,行走在人群之中的你,却是无人可信任;万家灯火,却没有一盏属于你;一个人生活在陌生城市是如此的孤独,需要温暖、需要慰藉是再正常不过的事情,但如果仅仅因为暂时的孤独,而让自己沉溺于乏味如鸡肋的情感中,那是再愚蠢不过的事情。

我的同事陈爽是个普通的女孩。面色白净,很少化妆,经常穿着简单的牛仔裤和白T恤。她做的是行政岗位,每天过着朝九晚五的生活,没有太多的挑战,日子波澜不惊。

聊天中我才得知,陈爽自小在单亲家庭长大,父母各自再

LESSON 4
情感，女人一生的必修课

婚以后，她便早早地一个人出来租房子住了。从言谈举止中，我发现这个女孩心思单纯，可能因为原生家庭的关系，略带卑微讨好型人格。

陈爽的懂事、知礼让我颇为心疼，平时工作中我也对她给予些力所能及的照顾，出差会给她带礼物。这样相处下来，陈爽对我是知无不言，言无不尽。

前几天，她忽然面带羞涩，凑到我耳边说，她恋爱了。这让我有些惊讶，怎么突然就恋爱了呢？

她告诉我，对方是她租房的楼上邻居，两人在附近的超市碰见，男孩跟她搭讪，彼此才认识。男孩夸赞她做饭的香味诱人，老是飘上楼，让人垂涎欲滴。这让甚少被人夸奖的陈爽欣悦不已。

周末的时候，男孩主动带着水果下楼来蹭饭吃了。一来二往之下，没过多久，男孩便对陈爽表白。恋爱经验为零、从小无人追求的陈爽哪遇见过这种场景，心中既是欢喜又是激动，一直期待爱情、期待家庭的她，不假思索地答应了他。

"你对他了解吗？这么快在一起会不会太仓促了？"看着眼中带笑的陈爽，我小心翼翼地问道。

而陈爽却不以为然，此时她的心早已飞到出租房里，想着今天要去菜市场买排骨，给心爱的他做可口的菜肴。

恋爱后的陈爽变得十分忙碌，以前每天准时上班的她，现在竟然偶尔会出现迟到、早退。主管细问之下，陈爽却是满脸无辜地说，菜市场有些菜品过了时间就买不到了，不能耽误晚上的饭菜。这让主管气得直摇头,直叹恋爱让女人疯魔。

我本想找时间好好跟她聊一聊,可是陈爽每次都行色匆匆,就算是有时间在茶水间聊一会儿,她也满嘴讲着自己的恋爱细节。

"你是说,你在家负责做饭、洗碗、打扫卫生,而你男朋友却只负责玩手机?"面对我满脸的不可思议,陈爽却大大咧咧地点了点头。

"是啊。你不知道,看着别人吃我做的饭菜露出满足的表情,比什么都开心。洗菜、洗碗都是小事。"

听罢,我心中只能一声叹息。我知道此时无论说什么,陈爽都听不进去,她的眼中只有自己的男朋友。

三心二意的陈爽终于捅了娄子。陈爽那天值班,却临阵脱岗跑到楼下的超市买菜,错过了总公司打来的一个指示电话,致使她的上司耽误了一项重要工作。

陈爽被停职了。她停职快一个月的时间了,我偶尔发短信问候,却是经常收不到回信。就在我本以为她要主动放弃工作时,却在某个夜晚接到她打来的电话。

电话里的她语带哭腔,说原来他只是把自己当做免费的厨娘,在得知她即将失业以后,竟然提出饭菜钱要 AA 制。

"陈爽,你要知道,高质量的单身胜过低质量的恋爱。这段恋爱让你失去了自己,难道还要让你失去工作吗?"说罢我便挂了电话,轻叹了一口气。

出乎我意料的是,三天后我重新在公司门口看见了陈爽。

LESSON 4
情感，女人一生的必修课

只见她依旧梳个马尾辫，眼神温柔而笃定。她来告诉我，现在又恢复了单身状态。

我笑了笑，在她肩上拍了两下。知道及时止损，懂得从不健康的关系中抽离出来，这份智慧难能可贵。

由于以前陈爽表现不错，再加上她认错态度诚恳，公司考虑再三还是给了她机会。不过却不是在行政部了，而是改在了销售部。

在知道陈爽选择销售部的时候，我略感惊讶。以我对她的了解，她似乎并不喜欢这类工作。然而让我意外的是，陈爽没有任何犹豫，很快便全身心地投入到了新的工作中。

陈爽经常坐在工位上加班加点，熟悉销售渠道和产品知识，经常跟着销售主管在全国飞来飞去，到处参加展会，推介产品。

就连一贯颇为苛刻的销售主管都几次夸赞陈爽，直言这个姑娘敢拼敢做。

陈爽出差回来后，我看她好像跟以前不一样了，却很难言明到底是哪里改变了。直到年终酒会，看见陈爽从总裁手里接过销售冠军奖牌的时候，我才明白是哪里不同。

"我要好好谢谢我的前男友，是他让我明白工作有时候比爱情更可爱，单身有时候比恋爱更幸福……"

陈爽说完感言，眼神不由自主地与我对视了一眼。我不禁心中颇为感慨，女人的成长便是从享受个人的自由开始的。很显然，陈爽明白这个道理为时不晚。

靠《吐槽大会》"出圈"的杨笠姑娘说:"我解决问题的办法是管好自己,如果每一个女生过得更好了,觉得男生不喜欢我,无所谓,那问题就解决了。"

"无所谓"这种态度,首先是女人要肯定自己的价值,那就是——美不美看薪水,唯工作治百病。

一旦理清了这个顺序,谁还为前男友痛哭,失恋一百天?没那闲工夫耽误。

2. 你是妈妈,更是独立的自己

可以说大部分中国女性逐渐失去自我,是从结婚、怀孕之后开始的。她们在怀孕以后,想的几乎都是再坚持九个月,孩子生下来就好了。

生了孩子以后,又想,再坚持几个月,等孩子不喝母乳就好了。

然后继续想,再等一年孩子学会说话、学会走路就好了。

然后年复一年,想等孩子上幼儿园、上小学、上初中、上高中、上大学、参加工作、结婚、生子……活成这样的女人一辈子都在为丈夫、孩子操心。这就是中国式传统下的妻子、妈妈,勤劳、朴实、任劳任怨,把好吃的、好用的留给孩子和老公,自己总是凑合一下、将就一下。

她们以为付出是幸福,结果不仅没有得到孩子和老公的尊重,还在婚姻中丢失了自己。下面我要讲几个案例,希望这样的妈妈能看到,也能够被警醒。

LESSON 4
情感，女人一生的必修课

小思和丈夫是大学校友，在一次校友聚会上相识，因为同在异乡为异客又有校友这层关系，两人谈恋爱不到一年就结婚了。

小思学的专业是民族学，在一家展览馆做民俗研究工作。刚结婚那会儿，小思遇到了一个升职加薪的机会，但前期需要加班，付出的相对多一些。

小思觉得这是个机会，不想错过，可每次加班到深夜回家之后，换来的却是老公的不理解和婆婆的不满。

老公说："结婚后第一件大事是生孩子。刚结婚你就这么拼，考虑过我妈的感受吗？"

婆婆也附和："好好养身体，怀孕生孩子才是你的大事。不好好在家待着，拼死拼活赚钱有什么用？"

考虑到是新婚，考虑到夫妻之间需要相互体谅，小思放弃了那次升职的机会。此后，小思如夫家所愿怀孕生子，孩子的到来确实是快乐的，也是磨人的。

眼看孩子已经到了快上幼儿园的年龄，小思认为以后自己会有点时间做自己想做的事情了。可是孩子上的双语幼儿园比较远，老公出差多，婆婆又不会开车，所以她要每天接送孩子去幼儿园和游泳课兴趣班，结果发现自己根本没时间做其他事情。

单位曾要派她去进修，但家里不同意，再加上她也觉得孩子小没时间，便眼睁睁地看着机会从自己的指缝中溜走。

这些年来，小思和老公的感情也越来越淡，经常是面对面也无话可说，似乎维系家庭全靠孩子。加上工作上又停滞不前，她对生活感到彷徨无助。

此时他们夫妻过的是截然不同的生活：一个下班回家后享清福，玩游戏、看抖音；另一个则是除了自己上班，还要接送孩子，回家了还有忙不完的琐碎家务。

小思让老公少玩游戏，多陪陪孩子，但老公只是随声附和，并没有实际的改变。由于长期的忙碌和压抑，小思终于爆发了，她每次看到老公回到家只顾玩手机的样子，就特别生气，然后争吵在所难免。但生活还是如此，她慢慢地对这个男人失望透顶，现在的婚姻对于她而言没有半点温暖，只有冰冷的感觉和无尽的操劳。

这种把自己活成家里的免费劳动力、没有话语权的局面让小思在婚姻里越来越没安全感。丈夫出差回来晚了，她开始怀疑丈夫有外遇，会翻看丈夫口袋查找蛛丝马迹；孩子有点头疼脑热，她就紧张过度到请假照顾不去上班。恶性循环的后果是，单位绩效评分她已经排到最后一名了。她几乎是哭着找到我，要我帮她走出现状。

我给她三条建议：

首先，勇敢成为自己。

所有婚姻幸福的前提，都是先找到自己，成为自己。人的一生本来就是发现自我、实现自我的过程。

犹太哲学家马丁·布伯说过："你必须自己开始。假如你不以积极的爱去生存，假如你不以自己的方式为自己解释生存

LESSON 4
情感，女人一生的必修课

的意义，那么对你来说，生存依然是没有意义的。"

当然，我们需要很大的勇气，才能触摸到内心真实的感受；我们需要更大的勇气，才能不只是想，而是通过言行来改变糟糕的现实，离真正的自己更近一点。

其次，保持自我，才能让自己更有价值。

美国著名心理学家威廉·汉金说："迷失自我的对立面，就是在夫妻关系中保持自我，这是幸福婚姻的秘诀。"

女人，在婚姻中一旦失去自我，就会言行没有自信，被家人的情绪控制。

无论何时，女人都要懂得接纳自我，要相信"我原本就很好"。在一个家庭中，妈妈、妻子只是你的身份，而不是你的全部。只有保持自我，才有能力去做让自己更美好的事情，才能让自己更有价值，并获得家庭的尊重。

我对小思的建议是，单位任何出差和学习的机会都不要拒绝，而是努力去争取，一定要腾出时间来学习自己最想学的新知识。

最后，你的快乐你做主。

当你听到了自己内心的声音后，从现在开始就试着说出自己想说的话，做自己想做的事情——可以先从小事做起。

我让小思找个机会与丈夫做一次深谈，说出自己的内心感受；自己的改变需要他的支持和理解。小思跨出了第一步，自己做主约丈夫去看一场浪漫的电影，吃一顿没有人打扰的晚餐，并且自己买单。由于几年没有这样轻松外出的生活，丈夫也十分高兴，十分通情达理地认可了妻子想要做自己的想法。

第二步，小思主动报名了梦寐以求的单位学习活动，来了一场说走就走的游学旅行。通过这次游学，她回来写了论文发表在权威期刊上，领导看到小思的改变，重新给她安排了更适于她的研究岗位。

第三步，小思开始合理利用时间，主动报名自己向往很久的车友会户外活动，每个月给自己一个放松自己的机会。

波伏娃说过一句我很认同的话："婚姻必须是两个自主的存在的联合，而不是一个藏身之处，一种合并，一种逃遁，一种补救办法。"

所以，作为女人，你在亲密关系里获得幸福的前提是，双方都是独立的人。

因此，学着放下自己在家庭里的身份，放下家人眼里的"你应该怎么做"，去好好问问自己这些问题：我现在快乐吗？做什么能让我快乐？我想要什么？我的梦想是什么？我希望成为什么样的人？我满意自己现在的人生吗？有什么事是我一直想做，却没有迈开步子去做的？

当然，万事开头难。当你开始这样做的时候，一定要坚持把想法付诸行动。如果你已经当了很多年的妈妈，却始终没有为自己活过；如果你每天忙于照顾老公、孩子，却一直忘了关心自己……那么是时候做出改变了。

每个人都应该有终生成长的意识，无论你多少岁，是姐姐还是妈妈，都要保持独立，努力实现梦想，不断提升自己。

LESSON 4
情感，女人一生的必修课

3. 好的婚姻生活，源于互相欣赏

香港女艺人蔡少芬可以说是娱乐圈里的"炫夫狂魔"。半年前，她的微博账号疑似被盗号，蔡少芬就用丈夫张晋的账号告诉大家："自己号没了可以用老公的，有老公在不怕没账号用。"

这把"狗粮"撒得够甜蜜够高级。四十七岁的蔡少芬显然在婚姻里很有安全感，在综艺节目《妻子的浪漫旅行》中也经常夸老公帅气有型。

大家都知道，其实这段婚姻是女强男弱，在开始就遭受了外界不少非议。因为在大家看来，女强男弱的感情是不可能长久的。

尤其刚结婚那会儿，张晋的事业并没有起色。每次拿到剧本，张晋就忍不住叹气："台词能再多点儿吗？"蔡少芬听到后会安慰他："戏少点好啊，可以轻松点。"蔡少芬的鼓励和陪伴让张晋从当初的一腔愤懑，变成现在的"只问耕耘、不问收获"。

张晋2005年出演了王家卫的电影《一代宗师》，获评第33届香港金像奖最佳男配角。在颁奖礼现场，张晋站在舞台上感谢蔡少芬说："我要感谢我的太太蔡少芬。有人说我这辈子都要靠她，我可以告诉大家，没错，我这辈子的幸福都靠她了。"台下的蔡少芬热泪盈眶。张晋用实力向大家证明了，蔡少芬没有看错人。

在《妻子的浪漫旅行》中，与其他嘉宾夫妇相比，这两口子的相处模式是最令人舒服的，夫妻间默契到完全同频，几乎人人都夸蔡少芬有眼光。十八岁当选港姐的蔡少芬，在她美得最张扬的年纪里，她的脸上却写着忧愁与茫然。不长进的兄弟、嗜赌如命的母亲、与富商的绯闻……那么多的不能述与人知的忧愁，她都一个人默默承受。

相比从前纸醉金迷、患得患失的日子，婚后的蔡少芬自然更懂得理解的珍贵，如今这种看得见的踏实，现世安稳的一饭一蔬，两人一世的甜蜜，才是真实的幸福。

我喜欢蔡少芬，是因为她一直在成长，知道什么样的年纪做什么样的事情。没有一个家庭不需要经营，毕竟连养一盆花草都要记得浇水看护。这个曾经万人喜爱，又历经世间冷暖的女人，更明白人性的参差不齐，也更懂得生活要珍惜的本质。

眼前这个男人，既然是自己选择的，那么就是最好的。

虽然甜言蜜语人人会说，但往往希望别人对自己说。蔡少芬是个聪明的女人，如果甜言蜜语可以给爱人以幸福，如果一份肯定可以让爱人更信心十足地去拼搏，那么多肯定、多赞美又何妨。

婚姻是放大镜。没有一段感情会完美无缺，要想成为一个圆，要想家庭更温馨，就需要一份甜蜜的包容和肯定。

当发生争执的时候，不要大声指责对方"你太没用了""你怎么连这点事都做不好"，不如尝试着像蔡少芬那样，用鼓励的方式，委婉表达。

LESSON 4
情感，女人一生的必修课

假如你的先生不喜欢洗澡，你如果斥责他："你真是太脏了，我怎么会嫁给你？"不如用温柔的语气甜甜地说："在我心里你最帅，但如果你收拾一下，会比彭于晏还有型，不是更好吗？"

记得用温柔的方式表达你的请求，用夸奖和暗示让对方感受到你的爱意。好的婚姻生活，是两个人的互相欣赏。因为懂得，才会去爱。因为去爱，才会赞美。因为赞美，更加深爱。

4. 经济独立是单身的底气

不幸的婚姻各有各的不幸。总会有人进围城，当然，也会有人出围城。

贝贝三十三岁，某创业公司合伙人。因为出差临时回家，看到了丈夫出轨的一幕，无法忍受，果断离异。

五年前，她只带了一台笔记本来到上海工作。那年的三月上海下起了雨，她记得自己搂着笔记本在雨中奔跑的狼狈样子。终于看到了一家小店，她进去给自己买了一把雨伞，告诉自己会撑伞的人不怕风雨。

她说刚出来工作那会儿，进地铁附近的商场想买衣服，看上了一件连衣裙，趁销售员不注意偷偷翻看价签，裙子标价3000多元，她默默放下。离去的时候心里想，要好好努力，以后买衣服可以不看价格。

如今贝贝依然单身，但日子充实。创业的电商公司忙到没有时间偷懒，合作的商家需要洽谈，天南海北的商品需要测试。但贝贝是个工作狂人，每次出去应酬，她都想着一定要签单回来。她不怕加班，工作之外的时间都会去泡书店和图书馆。即使碎片时间也会用来听书，学一些新知识。这样坚持的结果是，终于可以财务自由了。

也许你没有家庭背景，也没有天赋神技，但时间是世界上最公平的东西。单身会让你意识到工作的重要，努力的意义，你要的单身力，就是一个人自给自足的底气。

在简·奥斯汀的《爱玛》一书中，哈利特问爱玛为什么还不结婚。爱玛回答："我衣食无忧，生活充实，既然情愫未到，又何必改变现在的状态呢？放心吧，我会成为一个富有的老姑娘，只有那些穷困潦倒的老姑娘才会成为别人的笑柄。"在爱玛身上，我们看到了单身的底气。

网上有一个热门提问：一个女人最大的底气是什么？其中最高赞的回答是：经济独立。很俗气，但是很正确。

LESSON 4
情感，女人一生的必修课

所以，你说为什么要努力工作呢？因为只有努力工作，才会让你面对生活有主动选择权，这是身为一个女人要有的底气。

单身时间是自由的，也是宝贵的，这是给自己增值的黄金时期。你可以一个人去旅行，看遍世界风景；你也可以努力工作，达到自己的既定目标；你还可以尝试做一些运动，让自己身体更棒。

亲爱的姑娘们，请学会与自己相处，和自己谈一场天荒地老的恋爱。你永远是自己的知己，是自己的亲人。无关风月，只关成长。两个人不要将就，一个人从不孤独。

感恩有你，陪伴是最长情的告白

当你渴了需要一杯温水的时候，当你累了需要一个肩膀的时候，当你孤独需要一个相守的灵魂的时候，你会发现深情最是久伴，那些山盟海誓的话远不及触手可及的陪伴重要。

愿来日会有一个人带着温柔向你奔赴而来，让你再也不会回眸从前等待的岁月。

写给女人的醒脑书

雅娴私房说

二十几岁的时候,我羡慕的是街角热烈拥吻的小情侣;而三十几岁后,我羡慕的是晚饭后一起手拉手散步的中年人,是相互搀扶着在菜市场买菜的白发苍苍的老夫妻。

《人生果实》是一部让人看了感觉很温暖的日本纪录片。主人公修一和妻子英子两个人住在日本爱知县春日井市高藏寺新村。这里有一片世外桃源一样的树林和一间漂亮的小木屋,是这对夫妇的家。

修一是一名建筑师,酷爱帆船和航海,英子则是造酒坊老板的独生女。六十多年前,身为游艇队长的修一带着队员,因为没钱而借住在英子家,于是两人相识、相恋、结婚。

LESSON 4
情感，女人一生的必修课

为了圆妻子的田园梦，修一年轻的时候就参与了居住地的设计和建造。那个时候的修一决定让自己居住的地方能够和大自然融为一体。

修一带着英子来到这里，亲手为她搭起了田园木屋，开辟了菜园、果园。木屋的西面有二十一块田地，两人在这里种了近二百棵树、五十多种水果和蔬菜。

田地里一年四季翠色延绵，果蔬花草不断。修一会在每种果蔬前做可爱的小木牌记号，上面是他手写的各种关于蔬果的俏皮话。等果子成熟，夫妻俩会给孙女和朋友们寄出。

英子每天会精心烹饪美食，果树上的酸橘、梅子，地里的草莓、土豆，到了她手里都能被烹饪成美味佳肴。两位老人其实对饭菜的口味不太一样，生活中两人之间也存在着许多其他不同，但是这些差异却被他们巧妙地化解了，反而让婚姻更加甜蜜温馨。

比如修一爱吃各种带土豆的食物，而土豆恰恰是英子最不喜欢的食物；修一只爱吃海苔米饭配紫菜的传统日式早餐，而英子却爱吃抹着果酱和黄油的西式面包早餐。

但是，英子却不嫌麻烦，她每天都会做两种不同的早餐，并且经常单独做土豆美食给修一吃。修一不爱吃水果，于是英子每天早晨的第一件事就是去园子挑选水果榨成果汁，然后陪着修一一起喝果汁。

这样的陪伴，无须言语。英子只淡淡说一句"我的心愿就是听到他说好吃"，就可以令我们深信这一份长久的相守是人间最值得的事情!

每次两位老人坐在一起吃饭时,我都会觉得很甜蜜。英子总是用心做着修一最爱吃的食物;而修一总是很满足地吃着她准备的饭菜。六十多年的朝夕相处,三百多平方米的庭院,每一寸都安放着这对夫妇的相伴相守、相濡以沫。

他们这辈子自然也会有红脸和磨合,但因为怀有体谅之心,都顺利渡过了。能够拥有幸福生活,是因为夫妻两人懂得婚姻生活的真谛——热爱生活,互相迁就,充满仪式感,对每一天都用心以待。

整个纪录片看下来,你会发现这对夫妻对于生活、对于人生充满了感恩和知足。

纪录片里有很多这样的小细节:英子如果发现哪块土地需要修一翻一下,就插上一块手写小牌子,上面写着:"拜托了,修一!"修一搞定后,会插上一块:"搞定了,英子!"这是夫妻间独有的浪漫。在英子去菜市场买菜的时候,售货员向英子展示了修一寄给他们的感谢信。感谢信中除了一些感谢的话语之外,还画上了修一和英子两个人的素描画像。这种暖心的浪漫,只有懂爱和感恩的人才能够做得出来。

英子和修一将长久的婚姻生活过得充实而快乐,无论是爬树还是上屋顶,无论是种地还是修剪树木,你看到的是两个活力满满的老人自力更生,赤子之心犹如少年。所以,爱不会消亡,陪伴是最长情的告白。两个人长久不厌就是最浪漫的事,就是令人向往的婚姻生活。

LESSON 4
情感，女人一生的必修课

　　这对夫妇在面对彼此的不同时，选择的是尊重、包容和接纳，而不是一心想着指责或改变对方。

　　因为修一和英子懂得，在婚姻中，每个人都是独立的个体，都有自己的生活习惯和处事方式，求同存异才能令婚姻长久。

　　弗洛姆在《爱的艺术》中写道："爱是对所爱对象的生命和成长的积极关心。"让被爱的人为了他自己的目的去成长和发展，而不是为了服务于我。

　　修一和英子的相处之道，体现了他们把对方当成独立完整的个体看待，处处透着接纳和尊重。

　　然而，现实中的多数婚姻生活，却往往缺乏这种尊重和包容心态，总是"以爱之名"去向对方索取和要求，却体会不到对方的负面感受，从而引起争吵和矛盾。

　　婚姻生活总归会有各种鸡毛蒜皮，夫妻两个人肯定也会有诸多差异，而往往在琐事、差异的处理上，才能看见我们是否真正爱着对方。因为一段长久的爱是包容、接纳、尊重、感恩、陪伴。

　　风吹枯叶落，落叶生肥土，肥土丰香果。孜孜不倦，不紧不慢。人生就是一个不断循环的过程。

　　看完这部纪录片，让人不怕变老。并且让我相信，爱会让我们活得更久，人生有伴很美好。

写给女人的醒脑书

以柔克刚,在温柔中慢慢变强

要荡气回肠、宠辱不惊,势必要以柔韧的姿态迎合光阴,任风堪折,任雪无歇。最终,才会有将一生过得饱满又生机蓬勃的底气。

雅娴私房说

我们在影视剧里越来越多地看到那些所谓新时代的女性们,她们英姿飒爽,敢爱敢恨,杀伐果断,说一不二,雷厉风行……

现实中,对于很多追求独立、自由、自主的

LESSON 4
情感，女人一生的必修课

女人来说，感性、温和、脆弱是不独立、个人力量不强的体现。

我认为恰恰相反。当一个女人主动暴露自己的脆弱，敢于在人前展示自己的不足时，更容易与人产生共鸣、被人理解。

仔细想想看，那些打动人心的歌，感动人心的文字，那些能够深入我们内心让我们觉得安慰的话语，通常都是因为洞悉了我们内在的脆弱，洞悉了我们对温暖的渴求，才给予了恰到好处的慰藉。

我鼓励女人做一个温和的人，不必处处咄咄逼人，活得像一个女圣斗士，这种太过于求认可的价值观，很可能会有适得其反的效果。

相反，如果你温和、笃定地表达自己，有自己独立的价值观、世界观，这样的力量温和而强大，才能持久地、潜移默化地影响他人。

前不久逝世的美国最高法院大法官鲁斯·巴德·金斯伯格，让许多人缅怀。可以说，金斯伯格的价值已经超越了一名大法官，她关于女权主义的思考和价值观影响了全世界许多人。

电影《女大法官金斯伯格》再现了金斯伯格的一生，也掀起了全球的金斯伯格热潮。

金斯伯格出生于美国经济最低迷的大萧条时期，父母是犹太人。作为星条旗下的犹太裔，在那个视女性为符号的时代生存、工作往往比我们现在更为艰难。

1956年，金斯伯格成为哈佛大学法学院录取的九名女生之一。当时该学院约有500名学生，院长这样问过他的女学生：如何为自己取代男学生的位置辩护。当时的性别歧视，由此可见一斑。

尽管金斯伯格当年毕业成绩位列全班第一，但是她却没有收到一份工作邀请。用金斯伯格的话来说："我知道有三个原因：我是犹太人，一个女人和一个母亲。"

参加工作进入律师事务所之后，金斯伯格的心逐渐觉醒，她明白当今世道女性之艰难，从而更加笃定要成为一名为女性发声的人。她的发声是温柔的，但却句句掷地有声。

1971年，金斯伯格在最高法院做出了她第一次成功的辩护。当时她提交了梅尔文诉里德案的主要陈述书，这是美国一个著名的为男女平等而战的案例。金斯伯格研究了男性是否可以自动优先于女性作为遗产执行人，她这么解释："女性有权享有生命和自由的正当程序保障以及法律的平等保护。"

最终，最高法院同意了金斯伯格的观点，这是最高法院首次以性别歧视为由否决一项法律。这虽然只向男女平等前进了一小步，却是关键性的一步。

金斯伯格总是把自己比作"幼儿园老师"，向全是男性的法官解释性别歧视。她赞成渐进主义，认为明智的做法是逐个废除性别歧视的法律和政策，而不是冒着风险要求最高法院废除所有对待男性和女性不平等的规则。

LESSON 4
情感，女人一生的必修课

多年来，金斯伯格已经成为新时代女权主义的一个符号。在她的手中，女性堕胎是基于自己生育权的选择，同性婚姻在美国五十个州变成合法婚姻……一个个推动平权进步的法案和判决诞生，她宛如一颗明亮的星星不断指引着女权运动和残疾人权益运动向前发展。

令人意想不到的是，与她在法庭上的雷厉风行、坚持己见相比，朋友评价她私下生活中的性格是温和安静的。不仅如此，她甚至能与和自己持相反意见的保守派法官做朋友。尽管彼此政见不同，下班之后两人却能够谈笑风生，一起去看歌剧。

金斯伯格的一生告诉我们，温和的女性就好像静水深流那样，润物细无声。

LESSON 5

自律，通往自由的必经之路

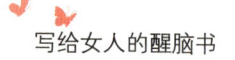

极致的自律，要有点较劲的精神

一个女人之所以长久美丽，是因为她们由内而外散发出独特的气质。而"气质"这简单的两个字需要长期的自律来保持。你想变美，你想变好，但光想是不够的，唯有超强的执行力才可以令你破茧成蝶。

LESSON 5
自律，通往自由的必经之路

•ᘓᑐ• 雅娴私房说 •ᑕᘔ•

> 功夫花在哪里是看得见的。要舞蹈跳得好，台上一分钟，台下十年功；要身材一级棒，管住嘴，迈开腿，离不开长年累月挥洒汗水。要业务能力强，需要用笨鸟先飞的心态，下足苦功夫。想做到最极致的自律，要有点和自己较劲的精神。

女作家严歌苓在小说《天浴》里写过一句话：不管什么时候，做个不凑合、不打折、不便宜、不糟糕的好姑娘。

严歌苓可谓女作家里最自律的人之一。生活中，每天即使不出门，只是对着电脑写作，她也要化妆、穿自己喜欢的衣服，坚持锻炼身体，让自己更健康一点、更漂亮一点。

写《陆犯焉识》的时候，严歌苓去青海体验生活，做前期准备工作花费的钱，需要卖十万本小说才能赚回来。而《小姨多鹤》的故事蓝本，在严歌苓心里"养"了十几年，却迟迟没有动笔。好朋友陈冲问她为什么不写，她说自己没在日本生活过，不了解日本女人的心理。

后来她特意找时间去日本乡下住了一段时间，每天请翻译来和日本女人打交道，了解日本女人的心理。严歌苓的这种不计成本、花时间、费精力的死磕，是一种令人敬佩的职业精神。这样的自律，是包含了责任心的，是需要深深刻于内心的约束力，或者说纪律感才能做到。

凡事要尽你最大的努力，才能得到最好的结果。所有的"不可能"，咬咬牙坚持下来，也许就变成了"可能"。

所谓自律，都是从"感觉吃力"到"毫不费力"，中间尽是不为人知的用尽全力。

动起来，遇见更好的自己

你一定羡慕那些拥有马甲线、好看肩胛骨的女生，你看到的只是她们的好身材，却不知道她们背后为此付出了多少汗水。所以，可以毫不客气地说，如果你没有为健身付出长期的努力，就没有资格说减肥失败、增肌没效果。

LESSON 5
自律，通往自由的必经之路

· 雅娴私房说 ·

> 我时常鼓励那些不能自己坚持锻炼的人，应该去健身房锻炼，因为氛围很重要，当你看到那些身材匀称、腹肌结实、肩胛骨美好的人都在汗流浃背地健身，会让你放弃想偷懒的想法，重新充满斗志加入健身的队伍。

一个喜欢运动的姑娘和一个平时不怎么运动的姑娘站在一起，你会很容易发现，即使两个人身高体重相差不大，但爱运动的那个看上去会更匀称、更轻盈、更有朝气。

我最喜欢的好莱坞女星瑞茜·威瑟斯彭主演过《律政俏佳人》，更是凭着《与歌同行》拿下了奥斯卡影后。这位年过四十岁，身高156厘米，长相不属于传统美艳型的女明星，却是好莱坞隐藏的头号人生赢家！

即使已过不惑之年，去年瑞茜·威瑟斯彭依旧在《人物》杂志"世界最美女人"的评选中占据了亚军的位置。

杂志上的她明艳动人，曲线玲珑，整个人的线条都呈现出一种多年运动赋予的自然美。

瑞茜·威瑟斯彭是骨灰级的跑步爱好者，在公园、马路边、山坡上跑步打卡是这位实力派演员的日常，跑五公里或十公里更是家常便饭。

曾经有记者问瑞茜·威瑟斯彭，会不会靠吸脂瘦身之类的整形来保持火辣身材。她自信地告诉记者："不会，我会坚持每天跑步。我坚信，只要不懈锻炼，就能长久保持美好的身材！"她觉得运动是一种生活方式，坚持运动可以保持身材，每当穿上那些漂亮的礼服心情就会更好，可以让自己充满战斗力，去完成一个个具有挑战性的工作。

岁月对瑞茜·威瑟斯彭这样自律的女人总是偏爱有加的。这份容光焕发是运动带给她的美丽，这让身高并不具备优势的她，举手投足之间尽显光彩。

是时候给自己一点动力了，动起来吧，只有动起来才能遇见更好的自己。

村上春树每天早上跑十公里，一跑就是三十多年。他有一句名言："跑步成为我日常生活的一根支柱。只要跑步，我便感到快乐。在我诸多习惯里，跑步是最有益的一个。"

你关心的问题来了：缺乏运动的人要怎样开始跑步锻炼？

我，一个曾经500米都跑不下来的人郑重告诉你，如果想超越自己，不妨慢慢来，但一定要每天坚持跑一点。如果开始跑500米不行，可以先从快走做起，根据身体的适应能力，逐步增加距离和提高速度。记住欲速则不达，但只要跨出锻炼的第一步，总有一天可以成为更好的自己。

大概长期运动的人才会懂得——重要的是看上去很美，而不是站上秤很轻。

当你开始享受运动流汗之后焕然一新的感觉，累积的脂肪也会悄悄地变少。我大概是在坚持快走和跑步三个半月之后，

LESSON 5
自律，通往自由的必经之路

精气神有了很大的改变，几个月不见的朋友再看见我时，说我看上去瘦了好多，更精神了，眼睛里有光芒。

当我们能控制自己的身材，就能更好地掌控自己的生活和人生。坚持自己喜欢的运动，会让自己变得更优秀、更美好。

仪态修炼，成就持久的美好

古人形容："所谓美人者，以花为貌，以鸟为声，以月为神，以柳为态，以玉为骨，以冰雪为肤，以秋水为姿，诗词为心。"一个美好的女人，她的美定然是从内到外全面展现的，包括得体的仪态和装扮、举手投足间恰到好处的风姿、彬彬有礼的言行等。

写给女人的醒脑书

雅娴私房说

仪态是女人的第二张脸。当一个女人站有站姿，坐有坐姿，一颦一笑都明艳动人，这种深入骨子里的魅力，会让人觉得美得不可方物。

倪妮的仪态是非常好的，从《金陵十三钗》《重返二十岁》再到《流金岁月》，在各种影视作品中，她的出场总是让人眼前一亮。

2021年，倪妮应邀参加了中央电视台的春节联欢晚会，表演了小品《开往春天的幸福》。倪妮一登场，观众就被她绝佳的气质迷住了。在小品里，倪妮一头利落的短发，配上清秀的五官，整个人散发出别样的魅力。出众的身材配上风情万千的仪态，就连随意坐在椅子上都让人的视线舍不得移开。

看完这个小品的网友们纷纷表示，小品的内容可以忽略，因为全程都在看"伏地魔"的腿，特别是她跷着腿的时候，那气质真是美绝。

女人之美，仪态为先。倪妮本身并不是传统意义上的美女，没有巴掌大小的瓜子脸，眼间距也略宽，但却靠着独有的气质与仪态在众多女明星中脱颖而出。

倪妮的好仪态，是张艺谋导演训练出来的。当初他选择倪妮出演《金陵十三钗》中的玉墨，是因为看中倪妮清纯中带着

LESSON 5
自律，通往自由的必经之路

性感，符合玉墨这个人物的特点。但当年的倪妮是一个没有任何电影表演经验的学生，与玉墨的仪态和气质要求还有差距，这让张艺谋导演很头疼。

时间紧迫，张艺谋导演特意找到了上海世博会、深圳大运会的首席形体仪态训练专家杨静怡，专门指导倪妮进行仪态训练。杨静怡老师是一个365天都穿着旗袍，对自己要求很严格的女人，她说旗袍对女人的形体要求是最高的。伸脖、塌腰、耸肩、驼背、含胸……这些看似很普通的仪态问题，实际上会毁掉一个人的整体形象。而只要按照旗袍形体的标准修炼好形体，不管穿什么衣服都会好看。

从调整肩颈，含蓄传递小性感，到修炼出尖下巴、天鹅颈，再到坚持挺拔美背，令人自信倍增……对坐姿、背影等每一处细节都加以练习，才最终有了倪妮大银幕上美得百转千回的好气韵。

美人在骨不在皮。随便一张照片都风情万种的姑娘，必然是一个对自己要求高的姑娘。所以，我们不仅需要做好面部的保养，更要从生活中的点滴做起、练起，不断改善仪态，让自己看上去更精致、更匀称、更有气质。

以下就是一些改善仪态的小窍门：

女孩子有一张好看的脸是很加分的。可是很多人不知道，原来呼吸也会改变一个人的容貌。英国科学家们曾经做过一个调查，发现从小习惯用口呼吸的人，会发生嘴唇外翻、下巴后缩等面部变化。因此，若是发现自己有用嘴巴呼吸的习惯，最好趁早改正。

　　有些姑娘会有大小脸，其实这也和日常的行为习惯有关。这些人在吃东西的时候，咀嚼的部位有所侧重，导致脸一侧的咬肌更为发达，久而久之，大小脸也就越来越明显了。所以，当你在吃东西的时候，不仅要小口慢慢吃，还要有意识地使用两侧的咬肌交替吃，这样会让脸更匀称。

　　我们常说站要有站姿。看似简单的站姿，实际上有很多的功夫在里面：肩膀需要打开，不能耸肩，脖子不能前倾，下巴往回收，同时要收腹提臀，双手紧贴大腿。如果偷懒，其中有一项没做到，整个体态就垮了。这样的站姿训练，每天在家可以练习半小时左右，逐渐养成习惯，几个月之后你就会"站有站相"了，人也会显得更挺拔。

　　坐姿当然也是十分有必要训练的。如果你的裙子比较短，坐下以后一定要并拢双腿，或者把包和书本等恰到好处地放在膝盖上，既防走光也显得优雅。当你坐下以后，切记双腿不要乱动、乱颤；身体不要前俯后仰，脊背弯曲会显得人不精神、没气质。在比较正式的场合不要跷二郎腿，下颌稍微抬起，才会显得更自信。

　　一个女人之所以美丽，是因为她们由内而外散发出的独特气质。而"气质"这简单的两个字，需要长期自我管理的好习惯来养成。你想变美，你想变好，若仅仅只是"想"是不够的，唯有超强的执行力，才可以令你破茧成蝶。

LESSON 5

自律，通往自由的必经之路

○ **不断突破自我，是最高级的自律**

曾经有人问我：女人到了一定年龄，真的是只要找到对的人、对的地方，就可以幸福一辈子吗？

我很认真地告诉她：没有一种幸福感是可以靠外界来获得的。2021 年，奥运会射击冠军杨倩姑娘在冠军台上露出自

己漂亮的美甲，让无数国人破除成见，看到了运动员也可以有颜值、爱漂亮让自己更快乐。婚纱设计女王王薇薇七十岁可以穿露背装、开派对、跳热舞，谁不羡慕她可以恣意地生活呢？

雅姍私房说

> 幸福感从来是一种自我创造和肯定的过程。而衡量一个女人能否获得幸福感的关键是：你不需要用别人定的条条框框来约束自己，而是能按自己想要的方式去生活。

在2021年新一季的综艺节目《乘风破浪的姐姐》中，姐姐们被要求按重要性给"自我、伴侣、孩子、父母"排序。五十岁的杨钰莹把"自我"排在第一位，其次是"孩子""父母"，最后才是"伴侣"。杨钰莹坦言："爱情和婚姻就如蛋糕上的樱桃，只是点缀自己的生活，不能成为生活的全部。"显然，在人生排序这个问题上，她做出了自己的选择——爱自己才是第一位的。

在我看来，像杨钰莹这样懂得把自我放首位的排序，是更为理性健康的。因为爱他人的前提，是先好好爱自己。一个懂得爱自己的女人，一定是自律又自由的，能在漫长的岁月里对自己温柔以待，才有能力理解、包容和爱别人。

LESSON 5
自律，通往自由的必经之路

杨钰莹年轻时以甜歌红极一时，之后隐退。此后的很多年，杨钰莹去澳洲游过学，她坚持锻炼，经常爬山、旅行，过着简单的生活。偶尔出现在广州音乐人的微博里，也是一副不问世事的甜美模样。

内心强大的人，才可以不把岁月写进眉梢眼角。这种美好的状态在《乘风破浪的姐姐2》里展露无余。节目播出后，杨钰莹的唱跳让大家都惊呼，声音怎么还能像二十多年前一样甜美？

在镜头里她眼神清澈，对每个人都礼貌有加，说的每一句话都贴心、善良，姿态优雅。当董洁和吕一说自己曾经给她伴过舞时，她没有摆出前辈的姿态，而是羞涩一笑，给她们以温柔的拥抱。

几十年的人生路，人生巅峰有过，人生低谷熬过。厉害的是历尽千帆之后，朱颜未改，声音未变来到这个残酷的舞台上，最终凭实力又获得大家的肯定。这本身就是一件突破自我、十分励志的事情。

从前我也惧怕衰老，害怕皱纹，而我现在却是如此坦然地面对岁月。我只怕自己甘愿当井底之蛙，不愿突破眼前的藩篱；我怕自己丧失勇气，不敢进入那些从未曾涉足的领域。

曾经有人问我：如何定义女性最高级的自律？在我看来，便是不断突破自己的局限，不断拓展自己的边界，从而拥抱更广阔的世界，令自己成为不一样的风景。

"人民英雄"国家荣誉称号获得者陈薇院士便很好地诠释了自律爱己的最高境界。

那日我坐在电视机前,观看国家抗击新冠肺炎疫情表彰大会。当我看见陈薇院士身穿军装,英姿飒爽地走上颁奖台时,心中不由得想起了《木兰辞》中的这句:"万里赴戎机,关山度若飞。朔气传金柝,寒光照铁衣。"镜头里的她既从容又笃定,虽未施粉黛,面容不再青春,但整个人却熠熠生辉。

在工作中,她每天面对的是炭疽、鼠疫、埃博拉这些致病微生物,在实验室中与这些病原体"短兵相接",只为找到抗击病毒的最好方法。

2003年"非典"疫情的时候,陈薇带领团队在负压实验室中研究预防"非典"的药物。为了争取时间,她常常在里面一待便是八九个小时,直到缺氧头痛才出来休息。最终,她在全世界首先证实他们所研究的干扰素能有效抑制SARS病毒的复制,14000名预防性使用"重组人干扰素ω"喷鼻剂的医护人员无一例感染。

当埃博拉在非洲大陆上肆虐的时候,陈薇又带领团队前往塞拉利昂,丝毫不畏惧埃博拉致死率高这一特点,研发了全球首个进入临床的2014基因型埃博拉疫苗。

新冠肺炎疫情爆发时,陈薇更是义无反顾地踏上了前往武汉的列车,将心血倾注于新冠肺炎疫苗的临床研究,完成了属于她的使命。

LESSON 5
自律，通往自由的必经之路

脱下军装的陈薇五官清秀，平时的她酷爱旗袍的秀美与兰花的馥郁。生活中，她爱一切美的事物，尽可能吃得清淡，见素抱朴，保持身心的健康。

陈薇似乎从不让偏见和性别成为禁锢自己的锁链，她不断给予自己超越的力量。爱自己独处时的温婉美丽，更爱自己工作时的专注严谨。女性的力量应该就是这样，于无声处听惊雷，于春风处花自开，如行云流水般自在。

电影《战狼2》中女主角的原型据说便是陈薇院士。但是在我看来，陈薇的卓越成就以及不断自我突破的人生态度，很难用镜头来展现。

犹记得获得国家勋章以后，陈薇在接受新华社记者采访时，指着自己的发鬓微笑着说："我刚到武汉时几乎没有白发。"

通过镜头，我们可以依稀看见她两鬓的霜雪，但谁能说那银丝白发不美丽？不是勋章的一部分？

当你有了自己独立于世界的内心力量，当你内在丰盈有力，外在优雅自信，总有一些什么会在时间流逝后沉淀下来。

LESSON 6

品位，让你优雅地走向成熟

找到独属于你的个人特质

让人印象深刻的并不是那些貌似标准、完美的网红脸,而是你个人独一无二的特质。因为独一,所以无二,珍惜得当,自会增值。

LESSON 6
品位，让你优雅地走向成熟

·ᴄ৩· 雅姻私房说 ·ɕა·

时至今日，我们依旧可以在互联网上看见许多人怀念香港电影黄金时期的女演员们。

抖音上经常有美妆博主仿妆李若彤版的"小龙女"，微博上朱茵的"紫霞仙子"等港片女神频频登上热搜，周海媚版的"周芷若"更是哔哩哔哩视频剪辑的热门素材。

曾经的女神们如今年龄皆已不惑，那些经典角色也都已距今二十多载，可是为什么这些跨越了时光的美人们总是不停地唤起我们的回忆呢？

我想，根本原因在于她们的美丽各有千秋，因此她们的一颦一笑才让观众印象深刻，久久难忘。

林青霞饰演的东方不败身穿红衣坐在河边喝酒，豪迈潇洒，美得大气磅礴；张敏扮演的赵敏长身玉立，骑在高高的马背上回眸一笑，模样英气，但是神态却略带娇嗔；而个子娇小的邱淑贞，性感魅惑地坐在那里，嘴里叼着一张扑克牌的场面，更是电影中的经典片段。

反观如今，网络上"网红"云集，她们晒豪车、晒自拍，但是往往提起她们的名字，却很难想起她们的相貌。曾经有网友开玩笑说，若是"网红"们聚会，我们怕是都成了脸盲症患者。

所以你要记得,让人印象深刻的一定是你个人独一无二的特质。因为独一,所以无二,所以才会被人珍藏于心。

林青霞的美丽层次丰富,年少时清纯动人,中年时妩媚与英气并存。张敏脸型略显方正,没有如今标配的尖下巴,但是正因如此,她的气质英气飒爽。周海媚的眼间距略近,这使得她眼角含泪时分外打动观众,宜喜宜嗔。

你、我、她的五官不同,眼神不同,气质亦不同。正是这份不尽相同,才使得每个人都如此特别。

当你真正发现属于自己优势,找出自己五官或者气质的记忆点,就找到了属于自己的特点。当你放大自己的优点,你的美也可以让人过目不忘。

马伊琍曾经在上海戏剧学院担任艺考考官。因为看出一位来面试的女考生是"整容脸",她提出疑问:"你这鼻子整得疼吗?"考生不置可否。

马伊琍接着阐述自己的观点:美这个东西,天然是最重要的,后天加工会失去原有的味道。你要接受自己,对自己有信心。而艺术院校如果收了这样的学生,其实对年轻人来说并不是一种好的引导。

深以为然。当下大多孩子以为演员就是要好看,却忽略了表演的本质。作为一个演员,不仅是要美,而是应该能胜任美的、丑的、胖的、瘦的各种角色,内心的自信才是最重要的。

马伊琍是一个对美有清晰自我认知的女性。大家想起她,

LESSON 6
品位，让你优雅地走向成熟

就会立刻想到她标志性的短发，可以很女人又可以很飒爽；平时牛仔裤小西装出街，随性又大方。

当一个女人能坦然面对自己的容貌、年龄，就证明活出了当下最好的样子。

阿朵，亦是有着自己独特魅力的女子。四十岁的她，本在歌坛消失已久，如今却回归舞台，让观众看到了属于她的独特美感，逆风飞扬，向阳而生。

以前，大众给阿朵打上的标签是"性感"。也许是她给《男人装》杂志拍摄的硬照实在太有名了，又或是少数民族的她眉眼之间带着天生的魅惑。如今因为《乘风破浪的姐姐》又回到舞台中心的阿朵，却让我们看到了一个四十岁女人的美丽是那么的风情万种，让人眼前一亮。

阿朵实在太适合混搭风了。那天的表演她穿了一件风衣，一边是纯正的灰白色，另一边却是淡淡的翠绿色碎花纹路，两种简单的时尚元素碰撞在一起却迸发出意想不到的表现力，纯色的一边显现出中年女性的从容与淡雅，碎花纹路却衬托出内在成熟、丰富的气韵，一个简单的拼接实现了少女气质与中年气质的融合，凸显了阿朵身上成熟女人的魅力。

阿朵说："我不怕被定义为性感，但我怕只被人看到性感。"

这也是我喜欢的女性对美丽应有的态度。优雅的性感，高级而独特，这就是属于阿朵的不羁之美。

四十岁的阿朵，洗尽铅华，看懂了自己，找到了属于自己的美。

　　当她重新起航之后，我们看到了她那份独一无二的美，曾经属于她的性感标签，被她潇洒地撕了下来，灵巧地藏在了眉角眼梢、一颦一笑中，藏在了她努力创新的歌声中，让我们久久回味，念念不忘。

　　再说我自己。我的身高只有157厘米，但从不苛求自己必须是大长腿。我的身材比例还可以，我就让它成为优势：穿着长度到脚踝的飘逸长裙，营造比较仙气的感觉；偶尔需要干练气质的时候，就穿阔腿裤和修身的衬衣；色彩上以亮色、浅色为主，给人视觉上的愉悦感。

　　我们要的美，不是衣服漂亮，或多数人穿着漂亮，而是你穿这件衣服真漂亮；不是别人眼中流行的千篇一律，而是属于你自己的扬长避短。

　　好的穿衣习惯，需要你了解真实的自己，扬长避短，突出优势，让自己更加自信。

　　当你有一天真的发现了穿衣窍门，那么恭喜你，你已经解锁了属于自己的美丽密码。

LESSON 6
品位，让你优雅地走向成熟

⚖ 巧妙穿搭，你也可以很有范

一个人穿搭最为成功的体现是，让人看到某类款式的服装便想到你，这时你便有了属于自己的独一无二的鲜明"符号"。追求穿搭美丽不应该是"随波逐流"，更不是"千篇一律、万人同款"，而是用最适合自己的方式来打造独特的魅力，这才是一个女人最高级的穿搭法则。

写给女人的醒脑书

❥ 雅娴私房说 ❥

每到换季时节总是有许多姑娘焦头烂额地望着自己满柜子的衣服，感叹自己没有衣服穿。

而在我看来，其实你并不是没有衣服穿，而是缺少搭配的思路，这样你才会面对琳琅满目的衣服时束手无策。

有些姑娘看见心动的衣服，就不管衣柜中是否有同类型、同色系的衣服，冲动之下就匆匆把它们带回家。穿过几次后，新鲜感没了，便发现此类衣服实在是难以搭配，往往便闲置下来。

经常有女孩私下来问我：曾老师，你的国风裙子很漂亮，实在太贴合你的气质了，又大气又优雅。能不能推荐一些衣服或者服装品牌给我做参考啊？

其实，我不是专业的服装搭配师，在穿衣搭配上，我也曾有那么一段不堪回首的过去。

身为南方人的我个子娇小，肩部又有点宽，曾经的我却执着于泡泡袖上衣、宫廷风裙子，实在是把我的缺点放大了几倍。肩宽的人若是选择此类上衣，整个上半身观感便立马膨胀起来。

后来，我终于解开了属于自己的穿衣密码。

首先，我搞清楚了自己的肤色究竟是冷色调还是暖色调，

LESSON 6
品位，让你优雅地走向成熟

借此我才能更好地选择衬托自己气色的颜色。颜色搭配十分重要，款式再好看的衣服如果颜色不搭也发挥不出应有的作用。

其次，我找到了自己身材上的优势，那就是双腿长，这样我在挑选衣物的时候便更加有选择性。我恰到好处地拉长自己的身材比例，毫无顾忌地穿起了长到脚踝的A字裙和短裤来展示我细长的双腿。到后来，甚至有不少朋友误以为我身高160厘米以上。

如今，我对色彩的运用更加自如。因为我本身气质恬淡，不怕浓墨重彩，所以常以素色裙子配一只夸张色调的大耳环，也会红配绿，紫配黄，粉红撞大红，黑色撞黄色，从而达到抓人眼球的效果。

每个人都有自己的穿衣风格。有些人是甜美软萌的好嫁风，有些人是帅气爽利的白领人的气质，有些人更是天生气场强，适合走女王范儿。

在我看来，女星周冬雨的穿衣风格演变史就是一部"搭配小白"的进阶宝典。

作为如今的90后女星的演技扛把子，周冬雨在有些人的印象中还是那个白皙清纯的"静秋"。可是在不知不觉之间，小姑娘早已蜕变成如今那个时髦的轻熟女生了。

虽然如今的周冬雨被媒体称为小个子穿搭模范生，但前几年却有不少的毒舌时尚媒体曾评价她穿衣搭配"好似偷穿大人衣服的小孩"。所以说，好的搭配可以给人带来巨大的改变，你的气质、风度都能因此而大幅提升。

周冬雨个子娇小，只有158厘米，再加上她身材分外纤细，所以许多衣服穿在她身上容易给人撑不起来的视觉效果。曾经的她对自己的定位不清晰，往往穿着略显成熟的服饰，梳着露出额头的发型，完全埋没了她的美。

记得那时候的她，经常选择大块花朵或是颜色深沉的上衣，再搭配厚重的半身裙，结果把她的身高割裂开来，让她整个人显得怪怪的。

偶尔她还会穿着大面积鲜艳色彩的礼服，再加上裙摆的皱褶，让人怎么也看不出气质来。她还会搭配深色、绿色条纹的丝袜，让人的注意力不由自主地集中在她的下半身，只觉得浑身凌乱不已。

过去的周冬雨造型有多"灾难"，今日的周冬雨便有多"惊艳"。她用自己的蜕变告诉我们，小个子也可以把服饰搭配出别样的风采，穿出属于自己的超模气质。

抛开身高的桎梏，牢牢把握住关键比例，这是我看了周冬雨穿搭之后最大的感触。仔细观察周冬雨如今的私服照、红毯照，我们会发现"小黄鸭"十分热衷于短款上衣、短款裙子，因为短款可以最直观地优化她的身材比例，从视觉上拉长下半身。

针对身材过于纤细的问题，她则利用不对称穿衣、把上衣下摆扎进去等方法，让自己的上半身看起来立体丰满。

穿衣的一些小心机被周冬雨运用得炉火纯青，曾经迷失于深沉色系的她终于找回了属于自己的色彩，选择了更加适合自

LESSON 6
品位，让你优雅地走向成熟

己的浅色系。

周冬雨皮肤白皙，面色光润，再加上她略显稚嫩的面容，实在是太适合浅色系了。乖巧型的女孩在搭配衣服时，可以选择暖色调偏浅的颜色，同时利用上浅下深或上深下浅的色差来优化自己的身材曲线，从而提高自己身材的丰盈程度。

搭配强调的不仅是衣服、裤子的适配度，更强调你的整体搭配与自我气质的融合程度。

以前的周冬雨是长发，经常盘着发髻，留着厚重的刘海，这让她看起来难以和时尚搭边。剪了短发后的周冬雨整个人都灵动起来，宛如精灵般俏皮可爱，既有女学生的青春气质，又有职场达人的专业干练。

一款得体的发型会起到画龙点睛的作用，若是再加上得体的搭配、精致的妆容，一定能让你在人群之中脱颖而出。

我身边最会穿衣的女孩名字叫小萍，她的身高恰到好处，正好165厘米，但却是典型的"梨型"身材。即上身消瘦，甚至连锁骨都清晰可见，但胯骨过宽，双腿肌肉扎实，再加上轻微的小腿外翻，使得她下半身看上去分外臃肿。

小萍很注重自己的外在形象，花了不少心思在外形的改变上。不仅每周去上形体课，还经常看时尚杂志和公众号的搭配技巧；下班有空就跑到一些繁华的商业地段，街拍那些穿得漂亮的姑娘们，学习如何穿衣服，还苦练自己的化妆技术。

小萍如今最钟爱的搭配单品就是浅色系的线衫，还有色彩浓郁的吊带长裙。长裙可以把她粗壮的腿部隐藏起来，还能突出她性感诱人的锁骨。

原来千篇一律的马尾辫也被她摒弃了，换成了垂到腰间的"大波浪"，再配上欧美系的妆容，让她整个人看起来略带神秘的野性美，在沉闷单调的CBD区显得十分特别。

不仅如此，小萍还在耳饰上花了很大的心思。喜欢戴耳环的她，家中有各色耳环，珍珠的、玳瑁的、亚克力的……琳琅满目。她常常根据自己的服装色系来选择耳饰的质地、色彩。对耳环恰到好处的运用，既点亮了整个人的风采，又不喧宾夺主。

仔细观察你会发现，那些真正让人赏心悦目的姑娘一定不只是脸好看。时尚与气场往往蕴含在一些毫不起眼的细节之中。从衣衫的质地到发带、耳环的装点，再到高跟鞋、小白鞋、马丁靴的选择；黑发遮掩下的脖子总是和脸一样白净；鞋子和袖口看上去都是整洁清爽的；佩戴一条简单的丝巾也会让人惊艳不已……在细节上用尽心思，反而能给人宛若天成的感觉。

这样的姑娘也许外貌不是最美的，但却有着自己的风格，既让自己神清气爽，也让别人眼前一亮。

一天天，一年年，潮流的风向标总是跟随时代不停地变换。然而，亘古不变的却是风格。真正的风格不会过时，反而会随着时间的淬炼历久弥新，如同深藏的陈酒一般，幽香四溢。

LESSON 6
品位，让你优雅地走向成熟

桃花烂漫，牡丹雍容，兰花高洁。美是千变万化的，层次丰富的。每个姑娘的美都不同，应该有只属于自己的风格，独属于自己的美丽。

活出自我，成为自己最性感的模样

这世界既然有那么多的姹紫嫣红，女人的美自然就该有千姿百态。性感，是所有美丽中最风情万种的存在。高级的性感，是一个女人无须修饰，哪怕穿着最低调的素衣、板鞋，也可以在低眉颔首间流露出无尽的风韵。

写给女人的醒脑书

·⸱ 雅娴私房说 ⸱·

时尚圈有句话名言——在性感面前,清纯不值一提。而性感一定是到了一定年龄才能拥有的特质,高级的性感是不露半分,却依然散发着恰到好处的迷人。很多时候,一个女人的性感并不仅是漂亮和身材出众,还需要氛围感的加持,如海藻般的卷发,清澈或温柔的眼神,动听的声音,曼妙的步态。这些都不是了不起的天赋,而是只要你愿意去练习都能拥有的风情,在理性与善意里学习,在独立与思考里蜕变。

一个姑娘如果有曼妙的身材,千万不要过于贪心,希望把所有的优点都展示出来。性感的首要原则便是——适可而止。

想象一下,若是一个姑娘既露出傲人的事业线,又露出纤细的腰肢,那在旁人看来只会有恶俗的风尘感。因此,前卫独特的性感服装要慎重选择,那些突破常规审美的服装初看之时给人极大的视觉冲击,但稍稍不注意便可能成为"低俗"的代名词。

若是你没有超模般完美的身材和百变的气质,我劝你不要剑走偏锋,轻易尝试这些前卫的服装。相比于直白简单的裸露风格,含蓄的清凉穿衣法则才是性感的最高境界。

每个人都有自己的身材特点,有的膀圆肩宽,有的下身粗

LESSON 6
品位，让你优雅地走向成熟

短，有的含胸驼背……若是你枉顾自己的优缺点，盲目地追求性感，也许会造成灾难性的后果。

所以，亲爱的姑娘们，一定要在了解自己身材的优缺点之后再进行抉择，选择只属于自己的性感。要想营造隐隐约约、若有若无的性感，相比大面积的袒露，一条腰部两侧挖空的连衣裙更能凸显你的杨柳细腰，展示你的玲珑身材，还会为你增加一丝绝妙的性感风情。上身纤瘦的姑娘绝对不要放弃露肩装，因为锁骨是女人性感的标志。小露香肩，亮出你精致的锁骨，既能展示肩部的线条美，又能添加一丝浪漫情怀。

雪纺、真丝、轻纱、流苏这些飘逸元素都有助于营造性感，给人仙气飘飘之感。当你完美的曲线在朦胧的纱线之中若隐若现，定是既性感又神秘，让人着迷。当我们选定了适合自己的性感规则后，那些看似简约无奇的衣衫，却会在你身上大放异彩。

许晴可以说是岁月沉淀出的风情美人。她在话剧《如梦之梦》中饰演民国美艳名妓顾香兰。在她的诠释下，这个传说中的哀怨女人活色生香，热烈、自我、性感。长达八个小时的话剧，不仅没有让现场观众感觉冗长，反而觉得意犹未尽。

舞台上的许晴空灵而魅惑，身着褐色丝绸旗袍的她身形婀娜，容颜既哀伤又性感，宛如从画中走出来的一般。她既野性又洒脱，这种野性而洒脱的性感包裹着顾香兰的颠沛流离，让无数观众沉迷于其中，无论男女，不分年龄。

若是问哪个女人的性感可以让同性与异性都欣赏，我认为许晴当之无愧。

但是许晴在着装方面从来没有走过所谓的性感路线，反而爱着不同风格的包裹比较严实的衣衫与礼服。

只是她偶尔露出的锁骨、莹润的皮肤、迷人的酒窝，却无时无刻地给大家传递美好的性感的诱惑。所以男性可以在许晴身上看见妖娆魅惑、性感美丽；女性也十分欣赏许晴身上看得见的洒脱和肆意。许晴好似复杂的多面体，不同的人总是可以透过不同的光线和角度看到她身上不同的风情之美。

有人曾经问我最完美的性感是什么，我想莫过于像许晴这样，男女都喜欢、没有攻击性的高级的性感。若是仅仅凭借暴露的着装、浓妆艳抹抑或是眼神迷离来展示性感，那就流于表面了。

真正的性感蕴含在眼角眉梢、举手投足之中。女性太明白同性之间的那点小心思了，你要相信大部分女人在内心深处都对肤浅的性感嗤之以鼻。

只有那些优雅自然、潜化于无形的性感，才能赢得同性真诚的赞赏。真正的性感，让人越看越为之倾倒，如同一杯好茶，让人回味无穷。

我的好友小杨三十五岁，曾是洒脱自如、雷厉风行的职业女性。生了小孩之后，她优雅转身成为家庭主妇，耐心而细致

LESSON 6
品位，让你优雅地走向成熟

地照顾着家庭与孩子。

刚开始我不能理解。在我的印象中，主妇们的生活单调、枯燥、沉闷。在后来的一次闺蜜聚会中，我发现小杨似乎更加利落俏丽，之前眼神中的犀利全然不见，剩下的是小女人的性感与自然。

那天，小杨穿着一身雪白的无袖连衣裙，露出了她笔直的双腿。自信从容的她化着精致的妆容，耳饰随着她的轻笑摇曳。窗外和煦的阳光照射在她身上，我们全都感觉到了她柔和自然的魅力和一种婉约的性感。

细聊之下我们才知道，小杨注重保养，家庭琐碎的柴米油盐非但没有掩盖她本来的华彩，反而磨去了她身上的桀骜气质，让她变得更加温婉。再加上得体的衣衫搭配，小心机的性感装扮，身在众气质女性之中，已为人母的小杨丝毫不逊色，甚至邻桌的男生都不断地向她投来欣赏的目光。

小杨爱美的心，没有在枯燥乏味的家庭生活中消失殆尽，反而更加游刃有余、怡然自得。

如今的她，既有母性温柔的光辉，又有温暖纯真的笑容，加上举手投足散发出来的风情，这何尝不是让同性与异性都欣赏的性感呢？

不可否认的是，随着年龄的增加，我们脸上的胶原蛋白会流失，曾经光洁的皮肤也会日益粗糙。若是我们依旧执着于少女风或者低龄风，拘泥于青春洋溢的风格，那只会让自己陷入尴尬境地。想象一下，不再青春的脸搭配超短格子裙，那该给

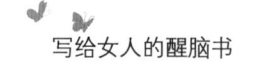

人怎样怪异的感觉。

姑娘们，我们应该知道的是，三十岁后的性感比青春时期的活泼更加迷人。

女人过了三十岁，只要不断为自己的内心赋能，成熟知性的气质是会由内而外慢慢散发。虽不如豆蔻青春那般耀眼，却宛如夜空明月耐人寻味，经得起时间推敲和打量。

所以高级的性感在年龄上往往不设限，只要听从内心的声音，你可以为自己创造许多可能。四十多岁的许晴可以，洗手做羹汤的小杨可以，相信你也可以。

你可以穿上自己一直想穿而不敢尝试的衣衫，你可以踏上一直向往的旅途，你也可以随心所欲、不拘一格……这样的你就算是素面朝天，也一样性感撩人。

成熟的性感是聪慧的，从来没有咄咄逼人的气势，亦没有圆滑世故的杂质。既聪明，又清醒；既天真，又轻熟，试问这样的性感又有谁能不爱呢？

愿每个姑娘都能在时间的洪流之中活出自我，成为自己最性感的模样。

LESSON 6
品位，让你优雅地走向成熟

断舍离，值得留下的就是百搭单品

相信很多女人都喜欢买买买，但衣物多到一定程度也会给生活带来负担。那些囤积的东西，不仅会造成你的选择困难，甚至会挤压你的美好生活空间。唯有去繁就简，如剪雪裁冰般带来轻盈满目，才是一个女人品质生活的开始。

雅娟私房说

所谓断舍离，其实就是"大道至简"，意思就是生活需要懂得选择，舍

弃该舍弃的，过简约而不简单的生活，才会提高生活的品质。妆容不需要浓艳，服饰不需要华丽。忙时一碗茶泡饭，闲时岭山看白云。慢慢养一壶喜悦心，活成一首明快的诗。

"断舍离"最早是由日本杂物管理咨询师山下英子推出的概念。山下英子在自己所著的书《断舍离》中描写了如何通过对日常家居环境、服饰的收拾整理，改变意识，脱离物欲和执念，过上自由舒适的生活。

如今"断舍离"已然是网络流行语之一。所谓"断舍离"并非单单指收拾整理、扔掉旧物，还包含了通过判断自己对物质的需求，思考自己到底想要什么；以思考自我真正需求为中心，而不是成为衣物的附庸。"断行、舍行、离行"的人生哲学，本质上是指果断给自己的生活做减法，果断舍弃无用的东西，包括不穿的衣服、不用的装饰品、无用的家具，提倡要懂得合理舍弃、清理，才能获得更多的愉悦感。

作为"买买买"上瘾的女性，你有没有买回来标签都没有剪去就挂在衣橱不管不问的衣服、买回来一次没用过的包包、丝巾？答案肯定是有。

我们太有必要看看家里的衣橱，虽然它已经被塞得满满当当的，但我们每天都觉得没有衣服可以穿。我们要做的，不是不停地买新衣服，而是要整理自己的衣橱，学会断舍离。扔掉或者送走那些一次都没有穿过或用过的衣物，留下那些你最常

LESSON 6
品位,让你优雅地走向成熟

用和喜欢的衣物。品位和审美的提升也是一个不断去繁就简、吐故纳新的过程。

我知道很多女人都是选择困难症患者,真到要收拾衣物的时候,感觉每件衣服都会有穿到的机会,每支口红的色号看上去都很美丽,每个包包都感觉可以"包治百病"。

这个时候我们就需要理智地先看一下,有哪些衣服和饰品是完全不会用上的,哪些是可以一直放在衣橱里备用的。

找到衣橱中那些永远不会过时的单品,这些单品不仅可以解决你的日常搭配,还可以为你的妆容画龙点睛。

如果只能保有一条连衣裙,我一定要留一条经典款的优雅小黑裙。在电影《蒂凡尼的早餐》中,奥黛丽·赫本饰演的霍莉无论是去蒂凡尼珠宝店还是去星星监狱,始终都穿着自己的小黑裙,就好像她心中那个执着的梦想——一个来自乡下的平凡女孩一心想要跻身上流社会,实现她十四岁以来的梦想——与最爱的弟弟一起到墨西哥牧马。

为此,霍莉成了一朵交际花,她从一个富人的怀抱投入另一个富人的怀抱。在喧嚣的世俗中,只有蒂凡尼珠宝店才是可以让她消除烦恼的地方。所以她喜欢在清晨时分穿着黑色晚礼服,戴着假蒂凡尼珠宝项链,来到空无一人的纽约第五大道,独自伫立在蒂凡尼珠宝店的玻璃窗前,脸颊紧贴着橱窗,一边喝着咖啡、吃着可颂面包,一边以艳羡的目光望着蒂凡尼珠宝店中的一切。似乎只有这样望着,才会离梦想近一点点。

英国某公关公司曾经组织过一次调查活动,评选人们心目中最美的小黑裙。毫无悬念，奥黛丽·赫本在1961年的影片《蒂凡尼的早餐》中所穿的纪梵希小黑裙被评为史上最令人难忘的小黑裙。人们不会忘记在《蒂凡尼的早餐》里，霍莉凝视着蒂凡尼珠宝店橱窗的场景，她当时穿着那件小黑裙的模样既优雅又楚楚动人。这款出自著名设计师纪梵希之手的小黑裙，在奥黛丽·赫本的演绎下真正实现了名垂青史，成了二十世纪以来最无争议的对"高贵、优雅"的定义。

奥黛丽·赫本也说过自己最爱的是小黑裙。人们已说不清楚，究竟是她的明艳成就了小黑裙，还是小黑裙的优雅成全了她几乎一个世纪的惊艳。

但可以肯定的是，正是优雅迷人的小黑裙使美丽绝伦的奥黛丽·赫本在人们心里得到了永生。据说在这个世界上，对男人和女人来说，各有一件衣服是不可或缺的，对男人来说是黑夹克，而对女人来讲则是小黑裙。对生长在优雅之都巴黎的女人们来说，如果没有小黑裙，那是不可想象的，没有小黑裙的女人就没有未来。如果你还在烦恼该穿什么衣服去赴约时，时尚达人们肯定会告诉你："穿小黑裙永远都不会错。"

我们不妨来追溯一下小黑裙的历史：它诞生于1926年，出自法国时尚界的开创人可可·香奈儿女士之手。那时，第一次世界大战才刚刚结束，女权运动也随着时代的发展进入了一个新阶段，越来越多的欧洲女性开始表现出对传统大摆裙的不满，因为那实在是太妨碍她们的行动自由了！

在这样的呼声中，对服装趋势极为敏锐的法国人香奈尔女

LESSON 6
品位，让你优雅地走向成熟

士抓住了这个机会，设计出了式样简洁而又不失高贵大气的小黑裙。香奈儿女士认为黑色与白色一样，凝聚了所有色彩的精髓。它们代表着绝对的美感，可以展现出和谐的优雅之美。

时至今日，小黑裙依然享有"百搭易穿、永不失手"的美誉，因此顺理成章地成了女人们衣橱里必备的时尚单品。小黑裙永远不会让你担心，因为它是不分场合的"时尚女王"。在街头，你很容易看见穿着小黑裙的女人自信地走过。而在名人聚会和明星斗艳的红毯上，也从来都不乏小黑裙的身影。小黑裙就是这么神奇，谁都能穿出自己的特点。低调而华丽的黑色是不用费力就能讨好的颜色，可以使身材苗条的人显得更加婀娜，而身材圆润的人也能因小黑裙低调的造型和黑色特有的收缩感而自信满满。因为低调，一张红唇、夸张的耳环、醒目的包包、各色高跟鞋、一副够范儿的太阳镜，都可以和小黑裙融合成为经典搭配，使你更加神秘、优雅和帅气。

提起奥黛丽·赫本，就不得不提起纪梵希。作为奥黛丽·赫本的灵魂伴侣，他太清楚奥黛丽·赫本的美是越简单越能突显其复古又优雅的气质。他几乎承包了奥黛丽·赫本戏里戏外的服饰装扮，为她设计了一个又一个经典的形象。

除了黑色，印象中奥黛丽·赫本穿得最多的是白色。一件利落裁剪的白色抹胸礼服为她在影片《龙凤配》中的角色增添了迷人的魅力。纯白礼服配鎏金印花，将纯美和奢华融合在一起，再加上奥黛丽·赫本芭蕾舞者的身材与微微昂起的天鹅颈，令人看过去就舍不得挪开眼睛。

有时候我们喜欢上一个人，不是因为她长得多么倾城，而是那天下午阳光正好，她穿了一件白色连衣裙，裙角在微风中飘扬，令人觉得她很美。

人生如一场舞会，你可以选择坐在旁边观看，也可以选择进入舞池跳舞。当青春逐渐走远，是选择做形如枯槁的怨妇，还是做元气满满的女神，答案藏在你自己的心中。

一个年龄越大越优雅的女人背后，定是藏着无数令人叹为观止的严于律己，内心住着一个清爽美丽的灵魂。

开始你去繁就简的搭配之路吧，那些值得留下的就是百搭单品。学会简约是一门艺术，懂得舍弃是一种通透。

LESSON 7
独立，乘风破浪做自己的女王

独立和成长，就是要迎难而上

女人的独立自主是没有时间限制的，不要用自己已经三四十岁来做借口，也不要倾诉自己的惶恐，就连新闻里七十多岁的阿婆都勇于斩断不良婚姻重新开始，何况是尚且年轻的我们。

LESSON 7
独立，乘风破浪做自己的女王

雅娴私房说

无条件爱你的父母会老去，爱人的山盟海誓也可能会烟消云散，徒留你一个人站在原地一地鸡毛。

2019年，奥斯卡获奖影片《小妇人》中有一句台词："时间可以吞噬一切，但它丝毫不能减少的是你伟大的思想、你的幽默、你的善良，还有你的勇气。"

电影《小妇人》改编自美国女作家露易莎·梅·奥尔科特于1868年出版的同名长篇小说，是那个年代少有的以女性独立为主题，通过女性视角展现女性乘风破浪进阶世界观的不朽名作。

《小妇人》以四个女孩的成长生活为主题，讲述了马奇家四姐妹梅格、乔、贝丝和艾米因父亲外出征战，与母亲相依为命，女孩们各自坚持梦想，最终各自事业有成，过上理想生活的故事。

乔是整部影片的主人公，她勇敢、善良，追求自由，热爱写作，穷尽一生创作出了自己满意的作品《小妇人》。她一生热爱生活，敢于突破自我。

原著中有这样一个场景：富有的邻居邀请四姐妹去参加舞会，乔的姐妹们一边欣喜开怀，一边因为没有漂亮的礼服而惆怅不已。乔却平淡地说："穿你们平时穿的就可以了。"从中我们能看出乔内心的独立意识,她认为不必为一个应酬花费太多精力。乔立志成为一名有独立人格与独立经济来源的作家。她坚信自己是具有独立意识的个体,在具有独立意识的同时,还要发奋图强才能实现自身价值。

《小妇人》中有一段乔和母亲的对话,她说:"我厌倦了别人说女人只适合谈情说爱,但我真的好孤单……"

这句话道出的不仅是乔的难题,也是一代又一代女性的难题。在爱情、婚姻、事业和自由之间,女人要如何选择、如何自处是个花上一千零一夜也谈不完的话题。

影片里乔做出了自己的选择。她忠于理想,默默耕耘,并最终通过努力实现了财富和精神的自由。但残酷的现实却使她依旧无法解决很多人生问题。这大概也是我们至今依然能够与这个故事产生共鸣的原因。

大姐梅格最为美貌,也是最符合当时主流社会审美的淑女。她本来可以嫁给有钱人,却因为爱情嫁给了并不富有的家庭教师。

三妹贝丝的故事最悲情。她性格温柔内向,喜欢音乐,善于弹奏钢琴,但却因为照顾生病的穷人而感染了猩红热,不治身亡。这个人物被作者赋予了最完美的道德期许,近乎纯洁无瑕。她的死亡强调了女性的道德力量,同时也启迪了几个姐妹要珍惜当下,去勇敢追求自己的人生,不负爱与自由。

小妹艾米性格张扬,有些爱慕虚荣,以嫁给有钱人为人生

LESSON 7
独立，乘风破浪做自己的女王

目标。在没有自主财产权的时代，女性只能通过婚姻来改变自己的命运，她很能代表彼时具有野心的女性形象。

艾米美貌、有才华，她的梦想是成为画家。在那个时代，只有通过丈夫的支持与资助，梦想才有可能实现。因此，艾米一开始选择了可以帮助自己进行阶级跃升的弗雷德，但最后还是听从了内心的召唤，选择了有共同语言的普通人劳里作为自己的终身伴侣。

艾米有点像《流金岁月》里的朱锁锁，懂得利用自身所长抓住一切机会让自己获得上升空间，也对自己的命运有着清晰的认识。尽管表面看来她没有乔的勇敢，但她们同样是知道自己想要的是什么，并为之付出努力的女人。可以说，她和乔是当时进步女性的一体两面。

影片里四姐妹所追逐的一切，代表了所有现代独立女性的追求——独立、成长、自由、梦想，这是任何时候都不该放弃的。用自己的力量披荆斩棘，实现女性的自我价值，在任何时候都值得被喝彩！

所谓独立和成长，并不仅仅指在名利或者金钱上，更重要的是在人生中你究竟做过什么、有没有利他的情怀、创造了多大的价值、担当起多大的责任。

而在这个过程里，辛苦总是有的，不被理解总是存在的，但只要迎难而上，就会有可以说"不"的底气和话语权，过上自己想要的美好生活。

亦舒曾形容章小蕙像一枚丰硕的水蜜桃，确实很形象。章小蕙生就珠圆玉润的，丰胸长腿，面如满月，皮肤嫩得几乎可以掐出水来，一双杏眼镶着乌宝石般的大眼睛，华光流转，眉目含情。水蜜桃般的甜美只是她的外表，骨子里的章小蕙是桃子里那枚坚硬的核，风雨受得了，折磨耐得住。

哪怕如今她已经五十八岁，通过自媒体照样能在时尚圈开出一片桃花十里、万人追捧的灼灼姿态。

章小蕙其实也算不上娱乐圈人士，但她被香港记者围追堵截三十多年。早期贴在她身上最有名的标签是"败家女""丧门星""花钱如流水"，硬生生把前夫钟镇涛和男友陈曜旻"买"到破产。

事实上章小蕙出身世家名门，从小衣食无忧，跟着母亲逛名店、买名品，耳濡目染买出了好品位，在别人看来却是虚荣。章小蕙十六岁时，全家移民加拿大。父亲便是加拿大《文汇报》的主编，后来一手创办了加拿大中文电视台。她顺理成章地在多伦多大学修完了美术史、哲学、英国文学，出于对时装的热爱，又跑去纽约时装学院读了一个硕士。

二十三岁时，她回到香港遇到年轻帅气的钟镇涛，短短数周便陷入热恋。她不顾父亲的反对嫁给了他。起初自然是金童玉女、琴瑟和鸣，但1997年金融风暴时，两人共同投资的楼盘打了水漂，欠下2.5亿元巨债，两人也以离婚收场。钟镇涛最终扛不住债务，宣布破产免债。章小蕙却是个有魄力也能扛事情的女人，她不肯宣布破产，债务便都转移给了她。

LESSON 7
独立，乘风破浪做自己的女王

离婚后，她也曾病急乱投医，想要一个肩膀给自己安稳的力量，就这样章小蕙和陈曜旻在一起了。但杂志经常报道章小蕙遭到陈曜旻家暴，被打得鼻青脸肿。在此刻，生活暴露出了之前从来没有过的狰狞面目，她却依旧不肯低头。分手后她痛定思痛，不再谈情事，专心于工作。

她也曾因生活窘迫，不得不卖掉很多奢侈品换钱过生活。还曾同时接下七八个专栏的邀约，在最落魄的时候拼命写着最风光时的日子，并出了两本书——《品味01》和《品味02》，教女孩子们如何提升审美能力。香港的报纸杂志专栏稿费不低，章小蕙居然靠着稿酬也养活了自己和两个孩子。

后来她依旧靠自己的品位开了一家服装店，第一年就赚了2700万元，后面赚得更多。再后来她靠着自己多年的时尚经验干脆在香港做欧洲名牌服饰的代理生意，收集购入名品服饰，成为香港将名牌二手服饰变为一盘生意的第一人。

一路走来哪怕再辛苦，她也坚决不肯申请破产，一直坚持和贷款方打官司，直到被免除债务。对于这段经历，她在今日的公众号中轻描淡写道："离婚后靠写作和时装店把自己重拾起来，没有屈服于强大势力，理直气壮打赢被渲染得惊天动地根本不该发生的一场商业官司。外表光鲜，内里虚脱。"

她靠着自己一点点洗脱了身上被别人泼洒的污渍，不再是香港人人喊打的"败家女""克夫星"，反过头来，很多人开始钦慕她靠自己也能活得这样好。

时间是最无情也是最公平的，它让你逐日老去的时候，也终将会让世界认识你是什么样的人。

章小蕙遭受了人生的巨变，承受了从高峰到谷底这一般人不能承受的深痛巨创。她却从来没有将痛苦写在脸上，在低谷中走一遭也没有改变她对生活与生俱来的热爱——依旧着最靓的衫，做人群中最靓的女人。

章小蕙从来不是认命和抱怨的人，她现在依然对名品世家信手拈来，对小众品牌了若指掌，文笔不急不缓，带着老派作家的气定神怡。最关键是五十八岁了，随意朗读一首英文诗歌仍令人如沐春风；随意托腮一坐，眼神依旧明亮，依旧有令人心跳的魅力，依旧那么美。她用独特的思想和坚定的身体力行替自己正了名，诠释了什么是独立与坚强。

想起亦舒的小说《我的前半生》里罗子君说的那句话："这双手虽小，但它是属于我自己的。"如今二十多年过去了，玫瑰没有枯萎，还是那朵耀眼的玫瑰。

所有的独立和成长都是血中带泪的。女性这种顽强的生命力就像玫瑰开在春天。风吹过，雨打过，依然次第花开美不胜收的能力，请你一定要拥有。

LESSON 7

独立，乘风破浪做自己的女王

❀ 穿越低谷，厚积薄发

说一千道一万，这世上没有平白无故的好运气，那些别人眼中的"好运气"都是你前行途中的坚持换来的礼物。历经生活的磨炼，却依然能保持嘴角的上扬、姿态的优雅，温柔了岁月，惊艳了时光，是因为你一直都在成长，一路都在勇敢地乘风破浪。

雅娴私房说

熬夜容易，坚持锻炼难；玩游戏容易，坚持读书难，坏习惯比好习惯容易养成。所以，坚持好习惯不容易，带着一点苦行僧的味道。但一想到你未来更好的模样，都藏在现在的努力里，所有的坚持就有了意义。一心向好，势必被成全。

要想乘风破浪，就得学会忍受那些无人问津的时光，所以那些能坚持下来的人都很酷。

2021年年初，电影《你好，李焕英》持续热映，票房累计超过50亿，演"妈妈"的张小斐忽然就成了亿万票房女星，人气也跟着水涨船高。

一般都是人红是非多，但张小斐的大火没有给她招来是非，却让我们看到了她过去十五年作为一名"十八线"女艺人艰难打拼的演艺圈之路。她用尽全力争取每一个小角色，哪怕是又脏又累的龙套。早上五点起床、凌晨收工、饥一顿饱一顿、身上随处可见的淤青……都是家常便饭。

其实，张小斐的起点并不低。在北京电影学院读本科的时候，她就出演了《烽火岁月》的女一号。只是这部影片并没有激起任何水花，至今在豆瓣上都没有评分。所以，在毕业的前几年，与大学室友杨幂、袁姗姗和焦俊艳比起来，张小斐是她们宿舍混得最差的那个姑娘。

毕业后，一直梦想做电影演员的她选择留在北京继续演戏，不过接到的都是戏里一些可有可无的小角色。处于这样一个竞争残酷的圈子里，小人物注定走得艰难。张小斐曾经在拍摄一场爆破戏时，被飞来的流弹炸伤了一只眼睛。

前途一片黑暗，生活一片渺茫。做电影演员的梦想受阻之后，张小斐决定放手一搏，考取了中国广播艺术团。团里有很多相声、喜剧表演艺术家，冯巩和贾玲也都在其中。进团之后，她和贾玲一起跟着冯巩排小品，一来二去两人熟络起来。后来，贾玲在排自己的小品《女人的N次方》时，还给了张小斐一个角色，她们一起登上了2012年北京电视台的春节联欢

LESSON 7
独立，乘风破浪做自己的女王

晚会。

2015年，贾玲参加的综艺节目《欢乐喜剧人》缺一位助演，她最先想到的就是张小斐。张小斐不辞辛苦，一边在中国广播艺术团里做演出主持人，一边在《欢乐喜剧人》里给贾玲做助演。她终于告别了毕业后那几年灰头土脸、兵荒马乱的日子，在喜剧界有了小小的存在感。但让人记住的也仅仅是贾玲小品里那个长得还不错的姑娘。随后，张小斐的喜剧事业终于有了点起色，先后参加了多个综艺，成为贾玲旗下大碗娱乐第一个签约的女艺人。

《你好，李焕英》之后，张小斐终于火了，微博涨粉无数，一举一动都会登上热搜。就连贾玲在路演时也开玩笑似地吐槽："今天在机场有两个人拍照，他们根本没搭理我，一直在拍张小斐。"

经过十几年的摸爬滚打，三十五岁的张小斐终于成了几十亿票房影片的女主、2021开年最受瞩目的女演员。她的成功不是一炮而红，而是厚积薄发。这不就是普通人的奋斗常态吗？

这个"大器晚成"的故事背后，我们看到了两个姑娘的友谊，更看到了一个人终于拨云见日的漫漫历程。

张爱玲说"成名要趁早"，但年少成名一帆风顺的人毕竟是少数，看惯了名利场，你会深深感叹张小斐这样终于熬出头的成名才是福气。因为她会记得那些大雨中为自己撑伞的人，黑暗中默默为自己掌灯的人，陪自己彻夜聊天的人，陪自己笑过哭过的人。

几乎没有人天生自带"外挂",那些看起来"好命"的姑娘们,真相都是厚积薄发。当你守得住寂寞、忍得了孤独、蛰伏在尘埃里、挺过去了之后,未来才是别人眼中开挂的样子。

想起那一年,我到一个陌生的城市去探望表姐筱芸。

当时表姐已经年近三十五岁,刚刚与丈夫离婚,自己一个人居住在爸妈的老房子里。筱芸与前夫本是大学同学,相恋六年之后顺理成章地结婚生子。相濡以沫的这些年,丈夫的职称从助理工程师升为了副高,两人也购置了新房、换了新车。筱芸本以为生活会这么平淡而美好地延续下去,却没有想到得来的是一纸离婚协议。期间经历了争执、吵闹,还有为了分割财产双方对簿公堂的闹剧。

见面后,筱芸并没有与我抱怨前夫、抱怨自己的生活境遇,反而平静淡然,不愿过多提及过往,只是偶尔自嘲"前十年的光阴都喂了狗"。

用她的话来说,前半生已经消耗在低质量的婚姻中了,活得没有任何自我,如今好不容易从围城之中解脱出来,反而松了一口气,再不用每天沉浸在家长里短的鸡毛蒜皮之中,也不用与丈夫针锋相对。

陪她散了几天心之后,感觉她状态不错,第二天我便打算返程。那天清晨我起得很早,却发现书房隐约有光线。我推开书房门一看,发现筱芸竟然坐在里面看国家司法考试的书。

LESSON 7
独立，乘风破浪做自己的女王

面对我惊诧的眼光，筱芸有些羞涩。她给我讲这些年忙着带孩子、做家务，如今她在单位的位置早已变得边缘了。许多核心业务她不熟悉，几乎要被新来的实习生替代了，如今的她感到了莫大的危机。

"这么多年没有摸过书了，会不会很吃力？"面对我的关切，筱芸却有些坦然，她点了点头说："是会吃力一点，但是别人每天用四个小时，我每天用六个小时就好了，每天少睡两个小时也没啥。"

"我的人生已经到了下半场，如今我也算是想通了，想要活得漂亮，就得战胜我自己，若是还跟以前一样混沌度日，那跟前半生还有什么区别呢？"

我与筱芸彼此联系不多，一年下来往往只有过年可以偶尔见上一面，平时更多是通过微信朋友圈来了解她的现状。

几个月后，我在微信朋友圈看到了她晒出的通过了司法考试的成绩截图，配图是她站在家中书房桌前，笑得安然自得。

通过了司法考试的她，如今接受了单位分配的新任务，成了某地市分公司的负责人，经常全国各地到处跑，参加展会与采购谈判。有了工作加持的她分外明艳照人。

从沉闷婚姻生活中解放出来的筱芸似乎迸发了前所未有的光彩，变得判若两人。她偶尔去旅行，看见好看的景色便拍下来分享在朋友圈。她爱上了瑜伽，还考到了瑜伽教练的资格证，如今她的身形似乎比起二十几岁时更有韵味。

在午后煦暖的阳光下，我仔细回忆从前的筱芸，却发现她那时的模样已模糊不清，能够想起的只有她如今那张意气风发、笑意盎然的脸。

所有坚持都带着一股苦行僧的味道，所以坚持很难，但坚持下来的人都很酷。

早起读书很痛苦，但是经历了一天充实的学习之后，你会发现内心如此自在充沛；运动都很艰辛，但是当你终于能穿上梦想的连衣裙时，却发现如此值得。坚持好习惯不容易，但当你历经岁月却依旧能保持上扬的嘴角、良好的姿态时，会惊喜地发现美丽早已镌刻进你的骨子里了。

不怕光阴飞逝，愿你和自己的每一次相见，都只若初见。

生活的"美"与"好"，都是汗与泪的交织

努力变得更美、更好，一步一步活成自己更好的样子是需要耐心的。就像种一排柳，先得浇水、施肥，经过风雨和四季的流转，才会有绿树成荫。万事万物都有它的规律，先要有乘风破浪的勇气，后才有花开自在的美景。心中装的是碧海蓝天，才会呈现流光溢彩的明天。

LESSON 7
独立，乘风破浪做自己的女王

雅娴私房说

那些看上去比你优秀的姑娘，不是比你聪明，而是比你有更好的学习力和执行力。无论哪个姑娘，她身上的"美"与"好"，都是汗水和泪水的交织。

伍迪·艾伦在《中央公园西路》里说："每个人都有不可告人的秘密，有自己的渴求、欲望以及难以启齿的需要。所以日子要过下去，人们就要学会宽恕。"

这大概就是普通女人生活的常态。没有谁的幸福是唾手可得的，种种不如意亦不会自动消失，势必需要你去一一征服。

一年前的某个周末，一个多年未见的同学沐沐在校友录发现我更新了联系方式，于是加了我微信。

沐沐和我是初中同届不同班的同学。因为父亲身体不好，母亲下岗，家里没有足够的经济条件供她再读三年高中。为了减轻家里负担，沐沐上了本地的一所卫校。

按照正常的发展轨迹，卫校毕业后，她会去本地小医院做个护士，然后嫁人、生子。多数普通人会觉得这样也很好，至少有个稳定的工作。

但彼此聊了聊了近况后，我得知沐沐定居在加拿大多伦多。这个消息让我觉得惊喜，但不意外。

沐沐告诉我，读卫校时她心里就想着，先有一份稳定的经济来源，这样以后还可以找机会学习。因为在学校表现好，毕业那年，县医院来卫校招护士时她考上了。工作后，每天三班倒照顾各种病人非常辛苦，但好在有了稳定的收入。沐沐省吃俭用地攒钱，在空余时间给自己制订学习计划。

沐沐觉得身为一个中专毕业的护士，如果就这样在医院待下去是看不到未来和希望的。于是悄悄地报了自考大学，学自己想学的信息管理专业，期间还在网上报了英语班。不管怎么辛苦，不管周围的人怎么议论，她都坚持下来了，拿到了大学自考文凭并通过了英语四级考试。

机会总是给有准备的人预留的。在工作的第四年，沐沐所在医院合作的医疗器械机构招聘到加拿大医疗机构做高级护理的人。沐沐凭借实力在笔试、面试里过五关斩六将，成为唯一一个合格的护理人员，被外派到加拿大多伦多工作。后来，她发现在加拿大，高级护理工作是一个收入不菲且受人尊重的

LESSON 7
独立，乘风破浪做自己的女王

行业。凭借对客户的真诚和耐心得到客户的肯定后，她有了更好的工作机会。

在一次圣诞节的活动中，沐沐和自己的老公相识。老公是移民多伦多的华裔，欣赏沐沐对于生活的热情、对于新事物的渴望，两人走到了一起。婚后，老公还鼓励沐沐开了自己的高级护理中心。沐沐开始了乘风破浪的日子——做市场调查，学管理课程，给新来的护理护士分享工作心得……如今三十九岁的沐沐已经是拥有五家护理中心的企业家了。

沐沐没有好的起跑线，但在人生每个转折点她都向着自己想要的生活奔跑。那些废寝忘食苦读学习无人问津的日子，那些她从来不说的在异国他乡的辛苦，实实在在令人心生敬佩。

沐沐可以说是我见过最有执行力、人生轨迹改变最大的姑娘了。偶尔看到她的朋友圈，在夕阳的余晖下，她和妈妈一起练瑜伽的微笑神情，美好而温暖。

你看，无论哪个姑娘，想要的"美"与"好"，都是汗水和泪水的交织。这就是生活的真相。

无论何时你都要努力，永远不要放弃去追求更好的人生。地球是圆的，你做过的努力终究会回到你的身上。

你要热爱生活，认真工作。

你要勇敢去哭去笑，去好好爱。你要坚持投资自己，让自己有更好的状态和能力去面对世界。

不管多少岁，你都要熠熠发光。

全职太太也可以做事业

成年女人最快乐的事情有两点：一是想要的东西不用看别人的脸色，自己可以想买就买；二是不喜欢的东西，可以有足够的底气说不要就不要，说离开就离开。

LESSON 7
独立，乘风破浪做自己的女王

·﹤ 雅娴私房说 ﹥·

女人最需要的安全感，是要靠自己脚踏实地的努力建立起来的。没有人规定全职太太只能做饭、带孩子，只要你想工作，你可以成为美食达人、育儿专家、收纳师……不要对自己在工作上付出的时间产生质疑，那是你有说走就走、想买就买的底气所在。

台湾主持人寇乃馨有一段关于全职太太的演讲十分精彩。她说："为什么大家认为全职太太一定都是低学历、平庸、邋遢、世俗之人？事实上，高学历女性做全职太太，除了可以背负起养小孩、照顾老公、维持家庭和睦的责任，她更是成功男人的幕后推手，全家人亲密关系的黏合剂。全职太太身兼数职运筹帷幄，孩子们吵架她要负责排解；孩子和父亲关系不好，她要做中间的桥梁。试问，从打扫阿姨、文员、会计、秘书甚至总经理谁这样可以一手全包，是全职太太！"

如果不是生存所迫，有哪位妻子愿意放弃陪伴孩子成长的时间去职场打拼？要挣钱养家，就不得不松开抱着孩子的手。而不少做了全职太太的人，困境就是没有工作，只有家务和孩子。

但现在也有很多全职主妇，凭借在家的时光习得一身收纳与整理的本领，空余时间研究烘焙、制作料理、写菜谱，成为美食达人、收纳达人，成为可以带货的网红主播。这群全职主妇们，也都努力开创出了属于自己的"事业"。

NN怀上孩子的时候，老公的汽车代理事业渐有起色。而NN妊娠反应很大，什么都吃不下，闻到什么都想吐，甚至在检查身体排队的时候晕倒在地。再三权衡下，老公对她说："你辞职吧，我养你。"看他这么贴心，NN便毫不犹豫踏入了全职主妇的队伍。

可是家庭主妇并没有NN想象中那么好当。没做家庭主妇之前，NN以为她们只需要天天在家待着，啥事也不用干。可是当了三年的家庭主妇后，NN才知道这有多么不容易，不但要自己身心健康，而且要关心照顾好全家人的生活起居。关键是你的付出别人会认为是理所当然，没人会感激。

而更让人伤心的是，因为在家接触的世界小，NN和老公渐渐没有了共同话题。

有一天，NN的大学好友来看她，NN几乎哭着告诉她："这不是我想要的幸福。我觉得自己好卑微，难道女人在家付出的劳动就是廉价的？我想离婚。"

好友给NN推荐了一本美国畅销书，里面有一句话让她有所触动：有一种女人，不管她嫁的是谁，不管她遇到什么样的人，她都有能力让自己过得幸福。

后来，NN开始把自己怀孕到带孩子期间的三百多篇日记配上自己画的简笔画，发布在小红书APP和各母婴平台上。简笔画的可爱和文字的温暖让许多宝妈深有同感。坚持三个月

LESSON 7
独立，乘风破浪做自己的女王

后，忽然有一篇关于宝宝辅食的文章成了热文，一天涨了六万多个粉丝。NN 逐渐找到了自己的定位：一个用漫画加短日记来记录孩子成长的宝妈博主。

方式对了，也就事半功倍了。现在已有很多婴幼用品品牌找她合作，从带货到推文到分享产品她都做得很好，已经成为育婴界的红人，坐在家里也能赚到不菲的收入。

虽然家里不缺钱，但是 NN 的自我成长让先生也对她刮目相看：原来我的太太这么厉害，带个孩子都有这么多学问，还有那么多宝妈信任她。

所以，全职太太也可以做事业。每个女人都应该有让自己、让家庭幸福的能力。

物质世界的不平等容易造成精神世界的不平等。在外打拼奋斗的男人和只围着孩子转悠的女人差距注定越拉越大，到最后便是心灵的疏离。

我从来都不提倡离婚，但我希望每个女人都可以有随时转身的底气。

因为确实有不少家庭主妇在经过十几年的家庭生活之后，丧失了独立生存的能力。面对快速发展的社会，她们找不到体面的工作，无法融入快速发展的新时代，甚至有社交恐惧。

《不易居》里说："现今还有谁会照顾谁一辈子，那是多沉重的一个包袱。所以非自立不可。"

我很认同这种未雨绸缪。

如果你人生得意，丈夫懂你，家庭幸福，那么祝福你。

但是无论如何，在婚姻里如果可以让自己自立一些，在面对未知的将来时总是更有底气。

当你跟姐妹一起逛街的时候，如果同时看上了一件价格不菲的衣服，那么经济不独立的姑娘一般会有两种选择：一种是摸摸看看，虽然心里喜欢得要死，嘴上却表示自己不喜欢；另一种是犹豫之后悄悄询问老公是否可以买下这件衣服。

但换作那种自己挣钱自己花的姑娘就不同了，喜欢什么就买，想做什么美容项目直接做，根本就不是钱的问题，只要自己过得开心就好了，这种姑娘一般活得比较自由、洒脱。

所以我真诚地建议，女性即便在结婚之后因为种种原因而不得不放弃自己的工作，也千万不能够让自己失去经济来源，即便是当全职太太，你也可以尝试着去做一些工作。

毕竟都 5G 时代了，社群运营、写写画画、商品团购……只要你想，全职太太也可以是经济独立的女性。因为女人独立、自立是不受时间、地点限制的。

新闻里报道，七十多岁的阿婆都勇于化妆、摄影、拍抖音、走遍全世界，你还不给自己争取改变人生下半场的机会吗？

前些天晚上，我大学的闺蜜半夜十一点忽然给我发了一条微信说："佳佳如今真是太可惜了。"看着闪着荧光的屏幕，我不禁微微叹息。

我的大学室友佳佳上学时是我们班级的焦点人物，面容清

LESSON 7
独立，乘风破浪做自己的女王

秀的她性格安静内秀，是不少男生心目中的"女神"。

自幼父母离异的她是我们寝室最为懂事乖巧的女孩。她很少赖床，衣服绝不会拖到第二天洗，没事便去泡图书馆，奖学金年年都少不了她的。

所以大学毕业的时候，成绩一贯优异的佳佳得到了一份令众人羡慕的工作。就在我们以为她会在事业上再接再厉之际，一年后她便嫁给了大学时的男友，成为我们宿舍第一个步入婚姻殿堂的女孩。

也许是原生家庭的缘故，佳佳分外期待有个属于自己的小家。

婚后不久佳佳便怀孕了，她孕早期孕吐反应严重，再加上一些其他因素，佳佳便从公司辞职，专心待产。佳佳的丈夫家中还有个弟弟，公婆帮衬不了太多的忙，所以孩子生下来后，佳佳也就断了继续上班的念头，独自在家相夫教子。

从前，我们的微信群里佳佳总是发言比较积极的那个人，可是渐渐地，佳佳越来越少参与我们的聊天、加入我们的饭局。因为生活中的她实在是太过忙碌了。

本以为小孩进入幼儿园之后，佳佳会轻松不少。可是还未来得及等我们帮她介绍工作之时，佳佳又传来意外怀上二胎的消息。

其实佳佳的老公收入一般，不过好在父母给他们付了首付，让小两口得以在这个城市有了安身立命之所。但若是要再请保姆，仅靠一人的薪水实在是难以负担。

就这样，佳佳又被束缚在了家中。洗衣、喂奶、接送孩子、打扫房子，整天围着两个小孩转，变得没有了自我。

我已经不记得多久没和佳佳吃饭、逛街、聊天了。因为养孩子开支变大，佳佳如今放弃了高档护肤品，转而购买一些我们大学时用过的品牌。她甚至开玩笑说，反正自己现在每天就是见小孩和老公，连打扮都提不起兴趣来了。

作为女人，要活出自己实在不容易，先要争取经济独立，然后才有资格谈到精神自由。而这些，我也要鼓起勇气说给佳佳听，希望曾经那个明媚的姑娘可以回到我们面前来。

若你连自身都难以养活，便很难与他人谈及尊严和其他。

电影《真情假爱》里有一句台词：我爱的不是钱，我喜欢的是钱带来的那种独立自由的生活。

柴米油盐酱醋茶样样离不开经济基础。当你能靠自己得到更好的生活，才能在这最真实的人间，活得底气十足。

而你要的独立，不仅仅是经济上的丰盈，更是一份"相信自己很优秀，相信自己明天会更优秀"的内心的笃定。

就连迪士尼电影《冰雪奇缘》都已经不再用王子解救公主、从此过上幸福生活的套路了。它不仅没有第一男主的设定，也没有公主被王子救赎的主线，女主角都是自己拼事业。

可是我们的社会中却还有不少姑娘没有成为自己生活的女主角，没有主动把自己从糟糕的现实生活中解救出来。

还有很多姑娘，大学毕业后选择嫁人，失去经济独立的能力；还有一些姑娘没有机会接受更完整的教育，就早早找个好

LESSON 7
独立，乘风破浪做自己的女王

人家解决自己下半生的"饭票"。

当然，还有更多如同你我一样的姑娘为了实现自己的梦想，不断提高眼界、努力工作、学习新技能，在瞬息万变的世界里求变求好，创造属于自己的价值。

我相信，世界会慷慨奖励那种懂得努力拥抱变化的姑娘。

因为在充满不确定性的世界里，唯一不变的只有变化本身。而这些变化和更迭就像一把筛子，不断地淘汰不成长、不能适应变化的人。

只有努力拥抱变化、适应变化，才能在大浪来临时乘风破浪，而不是被风浪拍死在沙滩上。

加油，人生是用来改变的

有思想的姑娘，所有坚强都是为了可以不向命运低头。那一点好强，有人读懂更好；没有人明白，她也会默默用自己的脚步丈量属于自己的土地，因为她们是独立的人。相信只要付诸行动，人生是可以改变的。

写给女人的醒脑书

雅娟私房说

　　多数女性在习惯了固定的生活环境、工作环境后，是害怕改变的，她们害怕的不是改变本身，而是害怕改变之后会失去现有的稳定，不敢去承担未知的后果。

　　我们这个时代见证了许多平凡人敢于改变自我，创造奇迹实现逆袭人生的经历。李佳琦从导购员辞职学习直播，到一天卖出3000只口红，成为电商顶流；香港TVB艺人朱千雪不留恋浮华，2016年宣布离开演艺圈，报考了加拿大西蒙弗雷泽大学的法律博士，并顺利成为了一名执业律师。你要相信，那些在日后过得越来越好的人，都是愿意去拥抱新生事物、不断充实自己的人。

LESSON 7
独立，乘风破浪做自己的女王

张然有一对"樊胜美式"的父母，家里有一个不长进的弟弟。在考上大学的那一年，她是靠着自己的助学贷款才得以报名。在张然的记忆中，自己的大学生涯是局促而繁忙的，似乎总有打不完的工和做不完的家教，总在争分夺秒地赚着学费和生活费。在匆匆忙忙之中，张然大学毕业了。她还有助学贷款需要偿还，但父母依然规定她每个月要交工资的一半给家里。

不知多少人暗地里为张然鸣不平，但张然却云淡风轻地一笑。她何尝不知父母重男轻女，但是她心中却是暗自想着，反正自己年轻，努力工作偿还完父母的恩情之后，便可以安心地做些自己想做的事情。

毕业后，她所在的行业不景气，公司利润微薄，每年的薪水除了基本开销之外全给了父母。二十八岁那一年，她拿着辛苦攒下来的仅有的 5000 元钱开了自己的淘宝店。

刚开始的时候，举步维艰。她骑着淘来的二手电动车跑遍了整个工业区找货源，找供应商。大多数人嫌弃她刚刚起步，规模小，但是她凭着耐心一家一家找。那个时候，到半夜了她还盯着淘宝后台，回答客户的疑问，更多的时候是态度卑微地主动打电话给顾客解释，请对方修改不好的评价。

就这样坚持了四年，三十二岁的张然终于存够了人生第一个二十万元，给父母在家乡的小县城买了一套小两居。那一天她对父母说，以后要开始全心全意地为自己而活，希望父母体谅她一点，希望弟弟争气一点，有手有脚要靠自己才能过好生活。

她的淘宝店渐渐初具规模，开始走自制服装的路线。她心中的事业蓝图也逐渐清晰，她感到从来没有如此轻松过。

"你都三十多岁了，再也竞争不过小姑娘了，还不赶快嫁人。""再不嫁人就老了，女孩三十岁就不值钱了。"年岁渐长带给张然的从来都不是焦虑，面对这些质疑她总是笑一笑，心中是从容与淡定。

后来，张然的自制服装淘宝店赶上了热潮，店里一条原创连衣裙一个月卖出了20000条的量。很快，她便在所在的城市用首付款买了第一套属于自己的房子，买了一辆自己喜欢的车。

就在所有人以为她终于守得云开见月明，要选一个人结婚的时候，张然却做了一个让所有人瞠目结舌的决定——她跑去考了当地知名大学的研究生。

那一年，张然三十四岁，身边同龄人早已儿女双全。而张然却捧着书本走在青春洋溢的校园中，去进修自己喜欢的服装设计专业。听着自己热爱的课程，张然心里无比充实和喜悦。

她的淘宝店早已进入成熟的运营轨道，有了稳定的盈利模式。如今事业有成、经济条件优渥的张然，没有人比她更加热爱自己的三十七岁。

三十七岁的张然，决定走进婚姻殿堂，新郎是追求了她许久的合作商。结婚典礼上，新郎说娶到张然是自己的福气。她是一个好强又有主见的姑娘，自己是亲眼看着她从一个小淘宝店做到如今员工五十人的皇冠旗舰店，太不容易。爱笑的张然

LESSON 7
独立，乘风破浪做自己的女王

听到爱人的话哭得梨花带雨。这是一个懂得她的坚强与好强的人。

许多大学同学特地前来为她庆贺。在众人的合照中，气质出尘的张然是那么耀眼。不少同学感慨，岁月似乎在她身上没有留下痕迹，不仅仅是光鲜的外表，甚至她的眼神也依旧如青春时那般透亮。

你看，心中有光、眼里有热爱的姑娘，时间总会给她更多礼物，不是苍老，而是灼见与气质。

像张然这样的女人，她们的所有坚强都是为了可以不向命运低头。那一点好强，有人读懂更好；没有人明白，她也会默默用自己的脚步丈量属于自己的土地。

她们是思想独立的人，笃信只要付诸行动，人生就可以改变。

尾声
即使八十岁，也应该是自己的女孩

2020年，《神奇女侠1984》在影院上映三天票房过亿元，尽管口碑两极分化，但我们在电影中看到了一位女性超级英雄——戴安娜。神奇女侠的扮演者，三十八岁的盖尔·加朵，也依靠利落的打戏、明艳的身姿圈粉无数。

电影讲述的是1984年的华盛顿，两个流氓正驾驶汽车飞驰，差点撞到一位过马路的老太太。神奇女侠戴安娜及时救下老太太并护送到路边，并继续追缉两个流氓。两个流氓进入一个商场进行抢劫，他们用枪指着店员，商场里的人被吓得四处逃跑。劫匪的目标是刚刚运到商场准备进行展示的一件无价之宝。警察很快赶到了商场，劫匪见状立刻抓住一个小女孩把她推到二楼的栏杆边上，用人质威胁警察，双方僵持不下。

一个黑人小女孩看到这种场景，问她妈妈之前故事书中救人的女侠真的会出现吗？妈妈说这只是个故事。

但此时此刻神奇女侠突然从天而降，用利落的格斗制服了劫匪，并用真言套索绑住了劫匪，救下被挟持的女孩。黑人小女孩发现，原来漂亮姐姐可以像蝙蝠侠一样厉害，原来故事里的事真实存在。

第二天，戴安娜去拜访工作中的芭芭拉。芭芭拉是一个普通的博物馆管理员，正在研究一块神秘的石头。传说只要对着石头许愿，愿望就可以实现。芭芭拉希望自己可以像戴安娜一样有力量、漂亮。戴安娜也对着石头许下了自己的愿望：希望心爱的男友史蒂夫可以复活，回到自己身旁。

戴安娜这个愿望的实现让整个世界发生了彻底的改变。当已经去世的史蒂夫真的回到了戴安娜身边时，浪漫、甜蜜之余混乱也来了。贪心的麦克斯骗取到了芭芭拉的石头，不停许愿：要富有、要石油、要见总统……世界一片混乱。

尾声
即使八十岁，也应该是自己的女孩

愿望从哪儿开始，就要在哪儿结束。如果戴安娜放弃愿望，世界会好起来，但史蒂夫就又会离她而去。

戴安娜不得不再次做出选择，是满足自己对于爱人陪在身边的欲望，还是放弃史蒂夫、拯救这个世界？

最终她选择了后者。

史蒂夫在街口和戴安娜诀别。戴安娜转过身，在史蒂夫的注视下向前奔跑，越跑越快，头也不回。这份决绝，扔下的是对思念的不舍，拾起的是对责任的担当。

这是戴安娜的思维蜕变，更是女性意识的觉醒。爱情只是生命的一部分。从小女人到神奇女侠，从公主到女王，这条进阶之路，靠的只有自己，靠的只有一路的冲锋陷阵。

我们都是"戴安娜"，要无惧风雪，要乘风破浪，要成为解救自己的"神奇女侠"。我们都应该为成为更好的自己而去改变，为梦想而拼搏。

我们要有着一颗向上的、阳光的心。就像电影开头说的那样：只有踏踏实实走好每一步，才有资格谈成功。

可以说年岁越长，我的心思反而越笃定。当你努力成为更好的自己的时候，奇迹往往也会不期而遇。因为我知道命运从来都不会亏待向阳而生的姑娘。

你甘心过"重复又平庸的生活"的时候，你的能力也只能适应这样重复又平庸的生活。只有你愿意粉碎固有认知，打破固有思维，才能一路披荆斩棘，真正找到属于你的生活，活出你想要的模样。

做乘风破浪的姐姐,从来不是咄咄逼人,也不是争强好斗,而是凭着一腔孤勇,不断自我超越、自我创造,直至迎来生命质的飞跃。

自我价值的创造并不等同于名利或者金钱,而是需要打破一些常规,敲碎一些边界,承认自己眼界有限,承认自己能力不足,虚心听取每一种声音,无条件接受善意的批评,但却始终斗志昂扬,对自己信心满满。

我承认自己不够完美,但我也知道:我一定会乘风破浪,过得更好!

千锤百炼后,先成为女王,后成为女孩。哪怕两鬓花白,内心依然如少年归来。

种明月松间照,种花间一壶酒,种桑田成暖玉,竹篱疏影,银碗煮雪,自成一幅名贵的画。

哪怕一生中大部分的光阴已过去,要依然心神澄净、眉眼清明,要以柔和的姿态迎接每个琐碎的日子。任风堪呼啸,任雪打枝头,最终才能有将这一生过得饱满又蓬勃的底气。

抬头即是云卷云舒天,低头便是世外桃花源。